国家级一流本科专业
建设成果教材

高等学校实验教学
示范中心系列教材

物理化学实验
（工科类专业适用）
第二版

北京科技大学物理化学教研室　组织编写

韦美菊　樊红霞　柴成文　主编

Experiments
of Physical Chemistry

U0243592

化学工业出版社

·北京·

内 容 简 介

本书由北京科技大学物理化学教研室组织编写，为材料、冶金、生物技术和环境工程等工科专业的本科生必修课"物理化学实验"的指定教材，在第一版的基础上进行修订，基本保留原版特色。实验涉及化学热力学、化学动力学、电化学、表面与胶体化学等方面的 15 个实验内容，按照基础实验、综合设计实验和拓展实验递进层次展开，新增 5 个拓展实验，包含相图计算实验和应用电化学工作站、多位光催化反应仪、综合热分析仪、比表面积及空隙度分析仪开展的实验，力求反映物理化学新进展、新技术并与应用紧密结合。

本书可作为高等院校材料、冶金、生物技术和环境工程等工科类专业的教材或参考书，对其他专业物理化学实验教学也具有一定的参考价值。

图书在版编目（CIP）数据

物理化学实验：工科类专业适用 / 北京科技大学物
理化学教研室组织编写；韦美菊，樊红霞，柴成文主编
. —2版. —北京：化学工业出版社，2023.6（2024.2 重印）
　　ISBN 978-7-122-43086-1

　　Ⅰ. ①物… 　Ⅱ. ①北… 　②韦… 　③樊… 　④柴… 　Ⅲ.
①物理化学–化学实验–高等学校–教材 　Ⅳ. ①O64-33

中国国家版本馆 CIP 数据核字（2023）第 041001 号

责任编辑：王 婧 杨 菁　　　　　　　　　　　装帧设计：张 辉
责任校对：宋 玮

出版发行：化学工业出版社（北京市东城区青年湖南街 13 号　邮政编码 100011）
印　　装：北京印刷集团有限责任公司
787mm×1092mm　1/16　印张 7¾　字数 188 千字　2024 年 2 月北京第 2 版第 2 次印刷

购书咨询：010-64518888　　　　　　　　　　售后服务：010-64518899
网　　址：http://www.cip.com.cn
凡购买本书，如有缺损质量问题，本社销售中心负责调换。

定　　价：39.00 元　　　　　　　　　　　　　　版权所有　违者必究

前　言

随着教学改革的不断深入，物理化学实验无论内容和形式，还是方法和手段都得到了充实、更新和发展。本书是在 2013 年《物理化学实验》（工科类专业用）的基础上，结合北京科技大学物理化学实验教学实践和当前仪器发展的现状，经修改补充后完成的。

本书延续了第一版的风格和特色，在教学内容、实验方法和仪器设备上有较大的变化，对部分原有实验进行修改和删减，并增加了拓展实验内容。本书既有传统的经典实验，又有反映现代物理化学实验发展方向和应用前景的综合性、拓展性实验，并在适当之处加入思政元素，使之成为分层次、多模块的科学系统的实验教学教材。

本书共包括绪论、实验部分、基本实验技术与实验仪器三个部分。绪论部分介绍了物理化学实验的目的及要求、实验数据处理方法及实验室常见安全问题及防护手段。

实验部分共 15 个实验，除了对原有的基础实验和综合设计实验内容进行了优化和调整，对更新的实验设备进行了介绍和说明，还新增了 5 个拓展性实验。其中实验 11、实验 13、实验 14 和实验 15 分别引进了电化学工作站、多位光催化反应仪、综合热分析仪、比表面积及空隙度分析仪等大型仪器开展实验，紧密结合现代物理化学实验仪器设备的使用现状及发展趋势，展示现代仪器设备的新技术、新方法；实验 12 引进计算软件进行热力学性质和相平衡计算。

在部分实验项目中增加了延伸阅读内容，以加深学生对实验内容的认识与理解，拓展相关的知识和研究范围，了解最新的实验研究动态与进展。读者可扫描相应处的二维码使用手机阅读。

基本实验技术与实验仪器部分延续前版的特点，对实验所用的仪器设备进行介绍。

本书由韦美菊、樊红霞、柴成文担任主编，编写组成员有袁文霞、顾聪、郭中楠、张恒建、郭丽芳等老师。

本教材的编写和出版得到了北京科技大学教材建设经费的资助，在此深表感谢。

由于编者水平有限，书中的疏漏在所难免，恳请专家、同行和学生批评指正。

编者

2023 年 1 月

第一版前言

本教材是根据北京科技大学材料、冶金、生物技术和环境工程专业的本科物理化学实验教学的要求，在以往多年的《物理化学实验》（校内讲义）和《物理化学实验（续）》（校内讲义）的基础上，由我校化学与生物工程学院化学与化学工程系物理化学教研组编写而成。

在长期从事物理化学实验教学工作的过程中，我们逐渐认识到物理化学的教学目的，应该从传统的掌握物理化学基本实验技术和方法为主，向着培养学生的综合能力和科学研究能力的方向转变。物理化学实验的特点是大量使用仪器设备组成一个实验体系，对研究对象的物理化学性质进行测定。这些物理化学性质往往是间接测量得到的，直接测量的结果需利用数学的方法加以整理和综合运算，才能得到所需的结果。所以，物理化学实验对于培养学生综合实验能力、科学研究思维、数据处理和绘图能力具有重要的意义。基于此，该教材在保持传统教材特点的基础上，参考了国内外大量的相关资料，综合了化学领域中各学科所需的基本研究手段和方法，增加了部分研究和设计型实验，力图使学生通过实验训练培养创新思维和初步进行科学研究的能力。

教材共分为绪论、实验部分和基本实验技术与实验仪器三章。实验部分按照基础实验、综合设计实验不同层次展开。基础实验内容系统地涵盖了化学热力学、化学动力学、电化学、表面与胶体化学、结构化学等分支的 11 个实验内容。综合设计实验则设立了 3 个实验内容。根据国家标准局颁布的有关标准，本教材采用国际单位制（SI）及有关标准所规定的计量单位名称、符号和表示法。附录中还列出了一些物理化学常用数据表，每一个实验内容的最后都给出主要的参考文献，供学生强化对实验的理解和掌握并扩展相关知识。

本书是北京科技大学材料、冶金和环境工程专业的本科必修课——"物理化学实验"的指定教材。对于其他兄弟院校工科专业物理化学实验的教学也具有一定的参考价值。本教材由李晔、韦美菊担任主编，编写组成员有：陈飞武、叶亚平、袁文霞、王桂华、王碧燕、李旭琴、张恒建、邓金侠、钱维兰、顾聪、樊红霞、郭中楠等老师。

本教材得到了北京科技大学"十二五"规划教材建设项目（项目号：JCYB2012037）的资助，在此深表感谢。

由于编者水平有限，疏漏之处在所难免，敬请读者不吝批评指正。

编者
2012 年 11 月

目　录

第3章　基本实验技术与实验仪器　　73

附录　　112

第1章
绪　论

1.1　物理化学实验的目的

　　物理化学实验是继无机化学实验和分析化学实验之后的一门独立的基础实验课程，本课程以物理化学基本理论和方法为基础，利用物理仪器、通过实验使学生初步了解物理化学的研究方法，掌握物理化学的基本实验技术和技能，学会重要的物理化学性能测定方法，实验教学内容综合了化学领域中各分支需要的基本研究工具和方法。所以物理化学实验的主要目的是熟悉物理化学实验现象的观察和记录、实验条件的判断和选择、实验数据的测量和处理、实验结果的分析和归纳等一套严谨的实验方法，从而加深对物理化学基本理论的理解，增强解决实际化学问题的能力，为学生今后做专业基础实验、专业实验和毕业论文打下坚实的基础。

1.2　物理化学实验的要求

1.2.1　基础实验和拓展实验的要求

　　（1）实验前的预习

　　学生在实验前要充分预习，应事先认真仔细阅读实验内容，了解实验的目的和原理、所用仪器的构造和使用方法、实验操作过程和步骤，做到心中有数。在预习的基础上写出实验的预习报告，其内容包括：实验目的、实验原理、实验仪器和药品、实验步骤和实验数据的记录表格。原始数据记录表非常重要，由学生单独设计，以便记录实验中测出的数据。进入实验室后，教师应检查学生的预习报告，并进行必要的讲解和提问，达到预习要求后方可进行实验。

　　实践证明，学生有无充分预习对实验结果的好坏和对仪器的损坏程度影响极大。因此，一定要坚持做好实验前的预习工作，提升实验效果。

（2）实验过程和实验记录

学生开始实验前应检查实验仪器设备的种类和数量是否符合要求，并做好实验前的各种准备工作，如放置样品、装置仪器和连接线路等。准备完毕后，需经教师或实验室的老师检查无误后，方可进行实验。实验过程中要注意控制实验条件，正确地进行每一个操作，仔细观察，认真记录实验现象和实验数据。

实验数据必须记录在事先设计好的原始数据记录表中，不能记在草稿纸或教材上。记录原始实验数据和现象必须真实和准确。实验原始记录必须经教师检查签字后方有效。形成一个良好的记录习惯是物理化学实验的培养目标之一。记录数据时，不能只拣"好"的数据记。字迹要准确清楚，不能随意涂抹数据。若记错数据，可以在原数据上划一条删除线，例如 2.58，然后在旁边记上正确数据。若实验数据不理想，可以重做实验，绝不能编造！若没有时间重做实验，可在写实验报告时详细分析原因并总结经验教训。

严禁抄袭、编造、篡改数据！学术诚信是科学精神的基底，也是物理化学实验课的要求。同学们从实验课开始就要建立起实验诚信与道德，并延续到将来的科研和工作中。

实验条件也必须记录。实验结果与实验条件是紧密相关的，它提供了分析实验中出现问题和误差大小的重要依据。实验条件一般包括环境条件，如大气压、室温和湿度等，以及仪器药品条件，如使用药品的名称、纯度、浓度和仪器的名称、规格、型号和实际精度等。

针对每一个实验，教师可根据实验所用的仪器、试剂及具体操作条件，提出对实验结果的要求范围，学生达不到此要求，则该实验必须重做。

实验完毕后，仪器、药品和实验场地必须进行清洗和整理，需要烘干的仪器经清洗后放入烘箱。最后，经实验室老师查收后，方可离开实验室。

（3）实验报告的要求

完成实验报告是本课程的基本训练，它将使学生在实验数据处理、作图、误差分析、问题归纳等方面得到训练和提高。实验报告的质量在很大程度上反映了学生的实际水平和能力。学生在实验的预习报告基础上，对实验数据进行处理，实验现象进行分析，最后写出实验报告。实验报告应包括：实验预习报告和数据处理，结果和讨论等。

在写报告时，要求开动脑筋、钻研问题、耐心计算、认真作图，使每次报告都符合要求。重点应放在对实验数据的处理和对实验结果的分析讨论上。实验报告的讨论内容应包括：对实验现象的分析和解释、对实验结果的误差分析、对实验的改进意见和心得体会等方面。

一份好的实验报告应该做到实验目的明确、原理清楚、数据准确、作图合理、结果正确和讨论深入。

再次重申：严禁抄袭，即使与同组同学的数据相同，也应独立完成实验报告。在进行数据处理时，同学需要独立作图，不能拷贝或者复印同组同学的图！每个人有自己的思考方式和行文习惯，不可能出现两份雷同的实验报告。

1.2.2 综合设计实验的要求

设计型实验不是基础实验的重复，是作为基础实验的提高和深化。它是在教师的指导下，由教师指定或学生选择实验内容和课题，应用已经学过的物理化学实验原理、方法和技术，查阅文献资料，独立设计实验方案，选择合理的仪器设备，组装实验装置，进行独立的实验操作，写出设计实验报告。由于物理化学实验与科学研究之间在设计思路、测量原理和方法上有许多相似性，因而对学生进行设计型实验的训练，可以较全面地提高他们的实验技能和综合素质，对于初步培养科学研究的能力是非常重要的。

（1）设计实验的程序

① 选题：在教材提供的设计型实验题目中选择自己感兴趣的题目，或者自己确定实验题目。

② 查阅文献：查阅包括实验原理、实验方法和仪器装置等方面的文献。

③ 设计方案：在文献调研的基础上，提出实验方案。设计方案应包括实验装置示意图、详细的实验步骤、所需的仪器、药品清单等。

④ 可行性论证：在实验开始前一周提交设计型实验的预习报告，进行可行性论证。请老师和同学提出存在的问题，优化实验方案。

⑤ 实验准备：提前一周到实验室进行实验仪器、药品等的准备工作。

⑥ 实验实施：实验过程中注意观察实验现象，考查影响因素等，反复进行实验直到成功。

⑦ 数据处理：综合处理实验数据，进行误差分析，按论文的形式写出实验报告。

（2）设计实验的要求

① 所查文献最好包括一篇外文文献，同时提交有关设计型实验的预习报告。

② 学生必须自己独立设计实验、组合仪器并完成实验，以培养综合运用化学实验技能和所学的基础知识解决实际问题的能力。

③ 实验设计方案必须经老师批准同意后，方可进行实验。

1.3　物理化学实验的安全防护

化学实验过程中的安全防护，是保证实验能否顺利进行，以及确保实验者人身安全及实验室设备和财产安全的重要问题，同时也与培养学生良好的实验素质密切相关。物理化学实验过程中潜藏着各种危险的事故，例如着火、爆炸、灼伤、割伤、中毒、触电等等。了解如何防止事故的发生以及学会事故发生后的紧急处理措施是每一个化学实验工作者所必须具备的基本素质。这些内容在先行的化学类实验课中已多次作了介绍，在此主要结合物理化学实验的特点，介绍安全用电以及使用化学药品的安全防护等知识。

1.3.1　安全用电常识

物理化学实验过程中需使用很多电器设备等，所以要特别注意安全用电。50Hz 交流电通过人体时电流强度达到 25mA 以上，即会出现呼吸困难甚至停止呼吸，若通过 100mA 以上时，心脏的心室发生纤维性颤动，即会导致人直接死亡。直流电对人体的伤害与交流电类似。违章用电除造成人身伤亡外，常常还可能造成火灾、损坏仪器设备等严重事故。因此，使用电器时一定要遵守实验室安全守则。

（1）防止触电

① 电器设备保持干燥，不用潮湿的手接触电器设备。

② 电源裸露部分应有绝缘装置（例如电线接头处应裹上绝缘胶布）。

③ 所有电器设备的金属外壳必须保护接地。

④ 实验时，应先连接好电路后才接通电源。实验结束时，先切断电源再拆线路。

⑤ 维修或安装电器设备时，应先切断电源。

⑥ 不能用普通电笔测试高压电。使用高压电源应有专门的防护措施。

⑦ 如有人触电，应迅速切断电源（进实验室时首先观察电源总闸位置），然后进行抢救。

（2）防止引起火灾和短路

① 使用的保险丝必须符合电器设备的额定需要，防止电器设备超负荷运转。

② 使用电线必须满足电器设备的功率要求，禁止高温热源接近电线。

③ 实验室内若有氢气等易燃易爆气体，必须避免产生电火花。继电器工作时、电器接触点（如插头等）接触不良时以及开关电闸时，都容易产生电火花，要特别小心。

④ 如遇电线起火或电器设备着火，应立即切断电源，用沙或二氧化碳、四氯化碳灭火器灭火（用二氧化碳、四氯化碳灭火器或沙灭火），禁止用水或泡沫灭火器等导电液体灭火。

⑤ 线路中各接点应牢固，电路元件两端接头不要互相接触，以防短路。

⑥ 电线、电器设备等不要被水淋湿或浸在导电液体中。

（3）电器仪表的安全使用

① 电器设备仪表灯在使用前，首先了解其使用电源为交流电还是直流电，是三相电还是单相电，以及电压的大小（380V、220V、110V 或 6V 等）。必须弄清电器设备功率是否符合要求，以及直流电器仪表的正、负极。

② 电器仪表量程应大于待测量。如果待测量大小不明时，应从最大量程开始测量。

③ 实验之前检查线路连接是否正确，经老师检查同意后才可接通电源。

④ 电器设备仪表使用过程中，如果发现有不正常声响、局部温度升高或嗅到绝缘漆过热产生的焦味，应立即切断电源，并报告老师进行检查。

1.3.2　化学药品安全防护

（1）防毒

① 实验前，应首先了解所用药品的毒性及防护措施。

② 操作有毒气体（如氯气、硫化氢、浓盐酸、氢氟酸、二氧化氮、苯及其衍生物、易挥发性有机溶剂等）时，应在通风橱内或在配有通风设施的实验台上进行，避免与皮肤接触。

③ 实验室中所用水银温度计含剧毒金属汞，应尽量避免摔碎。如不慎摔碎将汞洒落时，应及时且尽量用吸管回收汞液，再用硫黄粉覆盖并搅拌使之形成硫化汞（在汞面上加水或其他液体覆盖不能降低汞的蒸气压）。

④ 氰化物、高汞盐[$HgCl_2$、$Hg(NO_3)_2$ 等]、可溶性钡盐（$BaCl_2$）、重金属盐（如镉、铅盐）、三氧化二砷等剧毒药品，应妥善保管，使用时要特别小心。

⑤ 禁止在实验室内喝水、吃东西。饮食用具不要带进实验室，以防毒物污染，离开实验室及饭前要洗净双手。

（2）防爆

① 可燃气体与空气混合，当两者比例达到爆炸极限时，受到热源（如电火花）的诱发，就会引起爆炸。一些气体的爆炸极限见表 1-3-1。使用可燃性气体时，要防止气体逸出，室内通风要良好。操作大量可燃性气体时，严禁同时使用明火和可能产生电火花的电器设备，并防止其他物品撞击产生火花。

表1-3-1　与空气混合的某些气体的爆炸极限（20℃，1 个标准大气压）

气体	氨	一氧化碳	水煤气	煤气	醋酸	氢	乙醇	丙酮	乙烯	乙炔	乙酸乙酯	苯	乙醚
爆炸高限/%（体积）	27	74.2	72	32	—	74.2	19	12.8	28.6	80	11.4	6.8	36.5
爆炸低限/%（体积）	15.5	12.5	7	5.3	4.1	4	3.3	2.6	2.8	2.5	2.2	1.4	1.9

② 有些药品如乙炔银、高氯酸盐、过氧化物等受震和受热都易引起爆炸，使用时要特别小心。

③ 严禁将强氧化剂和强还原剂放在一起。

④ 使用久藏的乙醚前应除去其中可能产生的过氧化物。

⑤ 进行容易引起爆炸的实验，应有防爆措施。

（3）防火

① 许多有机溶剂如乙醚、丙酮、乙醇、苯等非常容易燃烧，大量使用时室内不能有明火、电火花或静电放电。实验室内不可存放过多这类药品，用后还要及时回收处理，不可倒入下水道，以免聚集引起火灾。

② 有些物质如磷、金属钠、钾、电石及金属氢化物等，在空气中易氧化自燃。还有一些金属如铁、锌、铝等粉末，比表面积大时也易在空气中氧化自燃。这些物质要隔绝空气保存，使用时要特别小心。

③ 实验室如果着火不要惊慌，应根据情况选择不同的灭火剂进行灭火。几种情况处理方法如下：

a. 金属钠、钾、镁、铝粉、电石、过氧化钠着火，应用干沙灭火。

b. 比水轻的易燃液体，如汽油、苯、丙酮等着火，可用泡沫灭火器。

c. 有灼烧的金属或熔融物的地方着火时，应用干沙或干粉灭火器。

d. 电器设备或带电系统着火，先切断电源，再用二氧化碳灭火器或四氯化碳灭火器。

（4）防灼伤

强酸、强碱、强氧化剂、溴、磷、钠、钾、苯酚、冰醋酸等都会腐蚀皮肤，特别要防止溅入眼内。液氧、液氮等低温也会严重灼伤皮肤，使用时要小心。万一灼伤应及时治疗。

1.3.3　实验室安全防护

物理化学实验如其他化学实验一样，会涉及各种类型的危险。开展实验时要有安全意识，了解潜在的危险，提前做好准备防止危险的发生。另外强调以下几点。

① 了解安全设备和安全设施的位置和使用方法，如急救箱、洗眼器、喷淋器、灭火毯、灭火器、报警装置、紧急出口等。

② 注意个人防护。穿实验服，不能穿漏脚趾头的鞋，必要时戴护目镜和手套。

③ 请勿将饮食的物品放置在试验台上。

④ 请将书包放入书包柜，禁止乱扔乱放书包，以防绊倒。

⑤ 若实验室里有多个实验交叉进行，请勿触碰别的实验仪器和药品。

⑥ 请勿自行打开实验室的抽屉。

⑦ 废弃物要分类处理（如生活垃圾、实验垃圾、碎玻璃垃圾、废弃橡胶手套、无机废液、

有机废液等）。

⑧ 实验结束时，仪器药品恢复原样或归位，关水关电。

1.4 物理化学实验中的误差分析

物理化学实验课程中涉及许多物理量的测量。这些物理量中，有些是可以直接测量的，如温度和压力等，它们被称之为可直接测量的量。有些物理量是不能直接测量的，但能利用它和某些可直接测量的量之间的函数关系计算出来，这些量被称之为间接测量的量。例如在凝固点下降法测量溶质的摩尔质量实验中，溶质的摩尔质量就是间接测量的量，因为它是利用凝固点下降公式最后计算出来的。

测量误差是实验测量值和真值之间的差值。测量误差的大小表示测量结果的准确度。它和实验仪器本身的精度、试剂的纯度、环境的影响以及实验者个人等因素有关。测量误差分为系统误差和偶然误差两类。这些误差又通过各种函数关系式传递给间接测量的量。

精密度表示几次平行测量结果之间的相互接近程度。测量结果的重现性越好，其精密度就越高。但是，精密度越高，并不一定表示测量结果越准确，因为可能由于系统误差，所有的结果都偏离了真值。

误差分析就是分析各种误差产生的原因，误差分布的规律，误差的传递以及对实验结果准确度和精密度的影响。

1.4.1 误差的种类

根据误差的性质和来源，可将实验误差分为系统误差和偶然误差两大类。下面分别加以介绍。

（1）系统误差

系统误差是某些固定因素引起的。系统误差的一个显著特点就是，多次重复测量某一物理量时，测量的误差总是偏大或偏小，它不会时大时小，系统误差主要由下列因素引起：

① 仪器误差。由于仪器结构上的缺点，或校正与调节不适当所引起的。如天平砝码不准，气压计真空度不够，仪器读数部分的刻度划分不准确等。这类误差可以通过对仪器的校正而加以修正。

② 试剂误差。由于实验中所用试剂含有某些杂质而给实验结果带来误差。这类误差可用提纯试剂而加以改善。

③ 方法误差。由于测量方法所依据的理论不完善，或采用不恰当的近似计算公式而引起的误差。如用冰点下降法测量摩尔质量，其结果总是偏低于真值。这时可用更精确的公式取代近似公式加以解决，或可估计其误差的大小。

④ 个人误差。由于实验观察者的分辨能力和固有习惯所引起的误差。如记取某一变化信号的时间总是滞后，读数时眼睛的位置总是偏高或偏低，判断滴定终点时颜色的程度不同等。这类误差可以通过训练而加以克服。

系统误差产生的原因很复杂。实验工作者的重要任务之一就是找出系统误差存在的形式，并尽量想办法加以修正改进。除了上面提出的方法外，还可通过不同的实验方法来检验实验结果的可靠程度。比较不同实验的结果，有助于分析某一实验中是否存在系统误差，并进一步采取措施来消除它。

（2）偶然误差

在相同条件下多次重复观测某一物理量，仍会发现存在微小误差，这种误差的符号时正时负，其绝对值时大时小，这种误差称为偶然误差。偶然误差又称之为随机误差。如估计仪器最小分度以下读数时，时而偏大，时而偏小。又如判断终点时指示剂颜色会有深有浅。这些都是对同一物理量多次重复测量不能完全吻合的原因。偶然误差主要由下列因素引起：

① 观察者的偶然误差。观察者对仪器最小分度值以下读数的估计，很难每次完全一致，特别在变化中读取时更是如此。

② 外界条件变化引起的偶然误差。如很多体系的物理化学性质与温度、压力有关，而实验过程中温度、压力的恒定控制范围是有限的。温度和压力的不规则波动必然导致实验结果的偶然误差。

需要指出的是，由于实验者的粗心，如操作不正确、记录写错以及计算错误等由于实验者的过失所引起的误差，不属于测量误差的范畴，也无规律可循。每一位实验工作者必须认真仔细，对这类错误加以克服。

（3）平均值和标准偏差

设在相同实验条件下，对某一物理量 x 进行独立的 n 次测量，得到如下 n 个测量值

$$x_1, \ x_2, \ x_3, \ \cdots, \ x_n$$

物理量 x 的算术平均值 $\bar{x}$ 定义为

$$\bar{x} = \frac{x_1 + x_2 + x_3 + \ldots + x_{n-1} + x_n}{n} = \frac{1}{n}\sum_{i=1}^{n}x_i \qquad (1\text{-}4\text{-}1)$$

当测量次数为无限多时，物理量 x 的平均值趋近一极限值，记为 $\bar{x}_\infty$，式（1-4-1）变为

$$\bar{x}_\infty = \lim_{n\to\infty}\frac{1}{n}\sum_{i=1}^{n}x_i \qquad (1\text{-}4\text{-}2)$$

系统误差是指在相同条件下，无限多次测量物理量 x 所得结果的平均值 $\bar{x}_\infty$ 与其真值之间的差值，即

$$\varepsilon = \bar{x}_\infty - x_{真} \qquad (1\text{-}4\text{-}3)$$

第 i 次测量的偶然误差是指其测量结果 x_i 与相同条件下无限多次测量物理量 x 的平均值 $\bar{x}_\infty$ 的差值，即

$$\delta_i = x_i - \bar{x}_\infty \qquad (1\text{-}4\text{-}4)$$

在实际过程中测量次数不可能无限多，上式中 $\bar{x}_\infty$ 常用 $\bar{x}$ 来代替，以计算偶然误差。

有了平均值的定义式（1-4-2），标准误差以 σ 表示，定义如下

$$\sigma = \sqrt{\frac{\sum_{i=1}^{n}(x_i - \bar{x}_\infty)^2}{n}} \qquad (1\text{-}4\text{-}5)$$

标准误差又称为均方根误差。在实验过程中，测量都只能进行有限次，式（1-4-5）相应地改为

$$s = \sqrt{\frac{\sum_{i=1}^{n}(x_i - \bar{x})^2}{n-1}} \qquad (1\text{-}4\text{-}6)$$

上式中 $n-1$ 表示独立的自由度数。以 s 表示的标准偏差称为样本标准差。σ 和 s 常用来表示测量结果的精密度。

文献中还常遇到其他表示误差的方法，如第 i 次测量的绝对误差 α_i、绝对偏差 β_i 和平均误差 γ。它们分别定义如下

$$\alpha_i = x_i - x_{真}, \quad \beta_i = x_i - \bar{x}, \quad \gamma = \frac{\sum_{i=1}^{n} |x_i - \bar{x}|}{n} \tag{1-4-7}$$

式（1-4-7）中的平均误差 γ 也称为精密度。

1.4.2 偶然误差的统计规律

偶然误差服从高斯正态分布。设 δ 表示偶然误差，y 表示偶然误差为 δ 时出现的概率密度，则 y 和 δ 之间的函数关系如下

$$y = \frac{1}{\sigma\sqrt{2\pi}} \exp\left(-\frac{\delta^2}{2\sigma^2}\right) \tag{1-4-8}$$

式（1-4-8）表示偶然误差出现的正态分布形式。图 1-4-1 是正态分布示意图。设积分的区间为 $[-a, a]$，积分值为 c。c 表示对物理量 x 进行测量时偶然误差在 $-a$ 和 a 之间的概率。c 的具体形式可以表示如下

$$c = \frac{1}{\sigma\sqrt{2\pi}} \int_{-a}^{a} \exp\left(-\frac{\delta^2}{2\sigma^2}\right) d\delta \tag{1-4-9}$$

如果 a 为正无穷大，则积分值 c 为 1。除此之外，对于任意的其他区间 $[-a, a]$，积分值 c 没有解析的形式，但可以通过数值积分很容易地计算出来。表 1-4-1 给出了偶然误差在常用区间出现的概率。

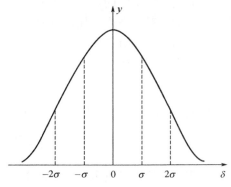

图1-4-1　偶然误差正态分布示意图

表 1-4-1　正态分布偶然误差在常用区间出现的概率

区间[1]	$[-\sigma, \sigma]$	$[-1.5\sigma, 1.5\sigma]$	$[-2\sigma, 2\sigma]$	$[-2.5\sigma, 2.5\sigma]$	$[-3\sigma, 3\sigma]$
c	0.682	0.866	0.954	0.988	0.997

[1] σ 为标准误差。

从表 1-4-1 看出，随着区间的增大，偶然误差出现的概率快速增加。在 $[-3\sigma, 3\sigma]$ 区间内，偶然误差出现的概率高达 0.997。偶然误差超过 $\pm 3\sigma$ 的测量值出现的概率仅为 0.003。这说明在多次重复测量中出现特别大的误差的概率是很小的。因此，在多次重复测量中，如果个别测量值的偶然误差的绝对值大于 3σ，则可以考虑将这个值舍去。

在无限次测量中偶然误差分布服从正态分布。但在实际过程中，测量不可能进行无限多次。在有限次测量中，偶然误差不再服从正态分布规律，而是服从 t 分布。t 分布是英国统计学家兼化学家 Gosset 用笔名 Student 提出来的。定义自变量 t 如下

$$t = \frac{\delta}{s} \tag{1-4-10}$$

式中，δ 为偶然误差；s 为样本的标准偏差；t 分布函数为

$$y(t,f)=\frac{\Gamma\left(\dfrac{f+1}{2}\right)}{\sqrt{f\pi}\,\Gamma\left(\dfrac{f}{2}\right)}\int_{-a}^{a}\left(1+\frac{t^2}{f}\right)^{-\frac{f+1}{2}}\mathrm{d}t \tag{1-4-11}$$

其中$f=n-1$，$\Gamma\left(\dfrac{f}{2}\right)$为半整数$\Gamma$函数。$\Gamma$函数定义如下

$$\Gamma(\alpha)=\int_0^{+\infty}x^{\alpha-1}\mathrm{e}^{-x}\mathrm{d}x \quad (\alpha>0) \tag{1-4-12}$$

当n趋于无穷大时，t分布趋近于正态分布。和正态分布类似，对式（1-4-11）进行数值计算，可得出偶然误差在不同积分区间$[-a, a]$和f时出现的概率。表1-4-2中列出了不同f和概率y时对应的数值a。需要了解更多有关t分布以及可疑值取舍等相关知识的读者请参看本章后参考文献[1]和[2]。

表1-4-2　t分布偶然误差在常用区间$[-a, a]$和f下出现的概率y

f ＼ y	0.80	0.85	0.90	0.99
1	3.078	4.166	6.314	63.657
2	1.886	2.282	2.920	9.925
3	1.638	1.924	2.354	5.841
4	1.534	1.778	2.132	4.605
5	1.476	1.699	2.015	4.033
6	1.440	1.650	1.943	3.708
∞	1.282	1.439	1.645	2.576

1.4.3　误差的传递

前面已经提到，从实验的角度物理量分为可直接测量的物理量和间接测量的物理量。直接测量的物理量的误差在1.4.1节和1.4.2节已经讨论了。间接测量的物理量是采用已知的公式，通过代入直接测量的物理量计算得到的。因此，直接测量的物理量的误差会传递给间接测量的物理量。

（1）绝对误差和相对误差的传递

设间接测量的物理量为u，它是变量x和y的函数，即

$$u=u(x, y)$$

则u的全微分为

$$\mathrm{d}u=\frac{\partial u}{\partial x}\mathrm{d}x+\frac{\partial u}{\partial y}\mathrm{d}y \tag{1-4-13}$$

如果变量x和y的测量误差分别为$|\mathrm{d}x|$和$|\mathrm{d}y|$，则u的绝对误差为

$$\mathrm{d}u=\frac{\partial u}{\partial x}|\mathrm{d}x|+\frac{\partial u}{\partial y}|\mathrm{d}y| \tag{1-4-14}$$

从式（1-4-14）可以得出u的相对误差的计算公式为

$$\frac{\mathrm{d}u}{u}=\frac{\partial u}{\partial x}\cdot\frac{|\mathrm{d}x|}{u}+\frac{\partial u}{\partial y}\cdot\frac{|\mathrm{d}y|}{u} \tag{1-4-15}$$

部分常用函数的绝对误差和相对误差的传递公式列于表1-4-3。

表1-4-3　常用函数绝对误差和相对误差的传递公式

函数	绝对误差	相对误差
$u=x\pm y$	$\pm\left(\lvert dx\rvert+\lvert dy\rvert\right)$	$\pm\left(\dfrac{\lvert dx\rvert+\lvert dy\rvert}{x\pm y}\right)$
$u=xy$	$\pm\left(y\lvert dx\rvert+x\lvert dy\rvert\right)$	$\pm\left(\dfrac{\lvert dx\rvert}{x}+\dfrac{\lvert dy\rvert}{y}\right)$
$u=\dfrac{x}{y}$	$\pm\left(\dfrac{y\lvert dx\rvert+x\lvert dy\rvert}{y^2}\right)$	$\pm\left(\dfrac{\lvert dx\rvert}{x}+\dfrac{\lvert dy\rvert}{y}\right)$
$u=x^n$	$\pm\left(nx^{n-1}\lvert dx\rvert\right)$	$\pm\left(n\dfrac{\lvert dx\rvert}{x}\right)$
$u=\ln x$	$\pm\left(\dfrac{\lvert dx\rvert}{x}\right)$	$\pm\left(\dfrac{\lvert dx\rvert}{x\ln x}\right)$

（2）标准误差的传递

将式（1-4-13）代入到标准误差的计算公式（1-4-5）或式（1-4-6），考虑到变量x和y的独立性，得到

$$\sigma_u=\sqrt{\left(\frac{\partial u}{\partial x}\right)^2\sigma_x^2+\left(\frac{\partial u}{\partial y}\right)^2\sigma_y^2} \tag{1-4-16}$$

式中σ_u表示间接测量的物理量u的标准误差，σ_x和σ_y分别表示变量x和y的标准误差。部分常用函数标准误差的误差传递公式列于表1-4-4。

表1-4-4　常用函数标准误差和相对标准误差的传递公式

函数	标准误差	相对标准误差
$u=x\pm y$	$\pm\sqrt{\sigma_x^2+\sigma_y^2}$	$\pm\dfrac{\sqrt{\sigma_x^2+\sigma_y^2}}{\lvert x\pm y\rvert}$
$u=xy$	$\pm\sqrt{y^2\sigma_x^2+x^2\sigma_y^2}$	$\pm\sqrt{\dfrac{\sigma_x^2}{x^2}+\dfrac{\sigma_y^2}{y^2}}$
$u=\dfrac{x}{y}$	$\pm\sqrt{\dfrac{\sigma_x^2}{y^2}+\dfrac{x^2\sigma_y^2}{y^4}}$	$\pm\sqrt{\dfrac{\sigma_x^2}{x^2}+\dfrac{\sigma_y^2}{y^2}}$
$u=x^n$	$\pm nx^{n-1}\sigma_x$	$\pm\dfrac{n\sigma_x}{x}$
$u=\ln x$	$\pm\dfrac{\sigma_x}{x}$	$\pm\dfrac{\sigma_x}{x\ln x}$

例如，在化学反应动力学中的二级反应的速率常数由下式表示

$$k=\frac{1}{t(a-b)}\ln\frac{b(a-x)}{a(b-x)}$$

式中，k为反应速率常数；a，b为反应物的初始浓度；x为反应时间为t时的生成物浓度。则速率常数k的相对误差用下式计算

$$\frac{\Delta k}{k}=\pm\left[\frac{\lvert\Delta t\rvert}{t}+\frac{\lvert\Delta a\rvert+\lvert\Delta b\rvert}{a-b}+\frac{\lvert\Delta a\rvert+\lvert\Delta x\rvert}{(a-x)\ln(a-x)}+\frac{\lvert\Delta b\rvert+\lvert\Delta x\rvert}{(b-x)\ln(b-x)}+\frac{\lvert\Delta a\rvert}{a\ln a}+\frac{\lvert\Delta b\rvert}{b\ln b}\right]$$

式中，Δk、Δt、Δa、Δb和Δx分别表示k、t、a、b和x的实验测量误差。

1.4.4　有效数字的处理

记录和处理测量的结果时涉及有效数字的表示和运算，下面分别介绍一些简单的规则。

（1）有效数字的表示

① 误差（平均误差或标准误差）一般只有一位有效数字，至多不超过两位。

② 任何一个物理量的数据，其有效数字的最后一位，在位数上应与误差的最后一位对齐，例如记录 1.23 ± 0.01 是正确的，但 1.234 ± 0.01 则夸大了结果的精确度，1.2 ± 0.01 则没有准确反映测量结果的精确度。

③ 为了明确地表明有效数字，一般采用科学计数法来记录实验数据。例如对如下四个记录

$$0.123,\qquad 0.0123,\qquad 123,\qquad 1230$$

正确的记录应为

$$1.23\times10^{-1},\quad 1.23\times10^{-2},\quad 1.23\times10^{2},\quad 1.23\times10^{3}$$

它们都是 3 位有效数字。

（2）有效数字的运算规则

① 在舍弃有效数字后的数字时，应采用四舍五入的原则。当数值的首位等于或大于 8 时，该数据可多算一位有效数字，如 8.76 在运算时可看成 4 位有效数字去处理。

② 在加减运算时，将各位数值列齐，保留小数点后的数字位数与位数最少的相同。

$$
\begin{array}{r}
1.12\\
+)13.136\\
\hline
14.256
\end{array}
\qquad 应写为 \qquad
\begin{array}{r}
1.12\\
+)13.14\\
\hline
14.26
\end{array}
$$

③ 在乘除法运算中，保留各数据的有效数字不大于其中有效数字最低者。例如算式

$$1.578\times0.0182/81$$

其中 81 的有效数字最低，但由于首位是 8，故可以看成三位有效数字，其余各数都可保留三位有效数字，这时上式变为

$$1.58\times0.0182/81=3.55\times10^{-4}$$

最后结果也保留三位有效数字。

在复杂的运算未达到最后结果的中间各步，其数值可保留有效数字较规则多一位，以免多次四舍五入造成误差的积累，但最后结果仍保留应有的有效数字。

④ 在整理最后结果时，表示误差的有效数字最多用两位，而当误差第一位数为 8 以上时，只需保留一位。例如对如下数据

$$x_1=128.351\pm0.117,\qquad x_2=123961\pm798$$

正确地表述应为

$$x_1=128.35\pm0.12,\qquad x_2=（1.240\pm0.008）\times10^{5}$$

⑤ 在对数计算中所取的对数有效数字位数（对数首位除外）应与真数的有效数字位数相同。

1.5　物理化学实验中的数据处理

数据是表达实验结果的重要方式之一。因此，要求实验者将测量的数据正确地记录下来，

加以整理、归纳、处理，并正确表达实验结果所获得的规律。实验数据的处理方法主要有三种：列表法、作图法和方程式拟合。现分述其应用及表达时应注意的事项。

1.5.1　列表法

做完实验后，将所获得的大量数据用表格形式表达出来，以便从表格上迅速而清楚地看出各数据之间的关系。例如，液体蒸气压与温度的关系表，盐类溶解度与温度关系表等。另外，将数据尽可能整齐地、有规律地列表表达出来，使得全部数据能一目了然，便于处理、运算，容易检查而减少差错。列表时应注意以下几点：

① 每一个表开头都应写出表的序号及表的名称。
② 在表的每一行或每一列的第一栏，要详细地写出名称和单位，如 p（压力）/Pa。
③ 在表中的数据应化为最简单的形式表示，公共的乘方因子应在栏头加以注明。
④ 记录数据应注意有效数字，在每一列中数字排列整齐，位数和小数点要对齐。

1.5.2　作图法

用作图来表示实验数据，能直观地表现出各数据间的相互关系，如极大、极小、转折点、周期性和数量的变化速率等重要性质，同时也便于数据的分析和比较，还为进一步求得函数的数学表达式提供参考，有时还可用图解外推法，以求得实验难以获得的数值。作图方法的要点简述如下：

① 每个图应有序号和简明的图名。
② 每个坐标轴应注明相对应的物理量及单位。
③ 图中不同类型的数据点应分别用不同的符号表示，如△，·，◇，○，■，□，▲等。
④ 图中有两条或两条以上的曲线时，应采用不同的曲线表示，如用实线和虚线等加以区分。
⑤ 作直线或曲线时，应使直线或曲线尽可能多地通过数据点。即使有一部分点不在直线或曲线上，也应该尽量让其对称地分布于直线或曲线的两边。
⑥ 镜像法作曲线的切线。

如图 1-5-1（a）所示，若在曲线上的指定点 A 处作切线，先应作过该点的法线。方法是取一平而薄的镜子，过点 A 垂直于曲线所在的纸面，如图 1-5-1（b）所示，图中虚线为曲线段在镜子中的影像。绕 A 转动镜面，当镜外的曲线段（实线）与镜中的曲线段（虚线）连成一条光滑的曲线时，镜面和纸面的交线 AB 即为过 A 点的曲线的法线，如图 1-5-1（c）所示。过 A 点垂直于法线的直线就是要作的切线。

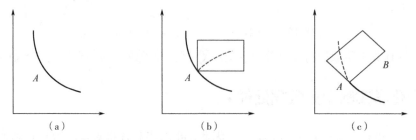

（a）　　　　　　（b）　　　　　　（c）

图 1-5-1　镜像法作切线示意图

1.5.3 方程式拟合

（1）作图

在直角坐标纸上，采用目测的方法对实验数据作图得一直线。设直线在 y 轴上的截距为 b，直线的斜率为 a，于是，直线的方程为

$$y = b + ax \tag{1-5-1}$$

另外，从直线上任取两点 (x_1, y_1) 和 (x_2, y_2)，也可得到直线的方程式。它的具体形式为

$$y = \frac{x_2 y_1 - x_1 y_2}{x_2 - x_1} + \frac{y_2 - y_1}{x_2 - x_1} x \tag{1-5-2}$$

（2）最小二乘法

假设通过实验测量，得到了 n 组数据，$\{x_i, y_i\}$，$i = 1, 2, \cdots, n$。通过作图或其他的途径，知道 y 和 x 可能存在直线关系，如式（1-5-1）。这时我们就可以用直线来拟合这 n 组数据。记第 i 点的拟合误差为 Δ_i，则

$$\Delta_i = y_i - (b + ax_i)$$

将每点误差平方后相加，得到拟合的总误差 Δ 为

$$\Delta = \sum_{i=1}^{n} \Delta_i^2 = \sum_{i=1}^{n} [y_i - (b + ax_i)]^2 \tag{1-5-3}$$

对于任意一条直线，亦即对任意一对 a 和 b，通过式（1-5-3）就可以算出拟合的总误差 Δ。拟合最好的直线，将使总误差 Δ 最小。这就是最小二乘法原理。这样，拟合问题就归结为求总误差 Δ 的极小值问题。如果总误差 Δ 的极小值存在，则 Δ 对 a 和 b 的偏导数必为零，即

$$\begin{cases} \dfrac{\partial \Delta}{\partial a} = 2 \sum\limits_{i=1}^{n} x_i (y_i - b - ax_i) = 0 \\ \dfrac{\partial \Delta}{\partial b} = 2 \sum\limits_{i=1}^{n} (y_i - b - ax_i) = 0 \end{cases}$$

整理后，得到

$$\begin{cases} a \sum\limits_{i=1}^{n} x_i^2 + b \sum\limits_{i=1}^{n} x_i = \sum\limits_{i=1}^{n} x_i y_i \\ a \sum\limits_{i=1}^{n} x_i + nb = \sum\limits_{i=1}^{n} y_i \end{cases} \tag{1-5-4}$$

联立求解方程组式（1-5-4），得到 a 和 b 的具体形式为

$$a = \frac{n \sum\limits_{i=1}^{n} x_i y_i - \sum\limits_{i=1}^{n} x_i \sum\limits_{i=1}^{n} y_i}{n \sum\limits_{i=1}^{n} x_i^2 - \left(\sum\limits_{i=1}^{n} x_i \right)^2}, \quad b = \frac{\sum\limits_{i=1}^{n} y_i - a \sum\limits_{i=1}^{n} x_i}{n} \tag{1-5-5}$$

为了判断拟合结果的好坏，需要知道拟合的相关系数 R 和标准偏差 σ。它们的计算公式如下

$$R = \frac{n \sum\limits_{i=1}^{n} x_i y_i - \sum\limits_{i=1}^{n} x_i \sum\limits_{i=1}^{n} y_i}{\sqrt{n \sum\limits_{i=1}^{n} x_i^2 - \left(\sum\limits_{i=1}^{n} x_i \right)^2} \sqrt{n \sum\limits_{i=1}^{n} y_i^2 - \left(\sum\limits_{i=1}^{n} y_i \right)^2}} \tag{1-5-6}$$

和

$$\sigma = \sqrt{\frac{\sum\limits_{i=1}^{n}[y_i - (b + ax_i)]^2}{n-2}} \tag{1-5-7}$$

相关系数 R 越接近 1，说明 y 和 x 之间越接近直线关系。标准偏差 σ 越小，说明拟合的结果越精确。上述拟合方法还可推广到多个变量的情形。

如果待拟合的函数是参数的非线性函数，例如

$$y = c_1 + c_2 e^{-\beta_i x} \tag{1-5-8}$$

其中 c_1、c_2 和 β 为待拟合参数，则上述的线性拟合方法就不能用。这时，原则上可以采用非线性的拟合方法。但是，目前非线性拟合方法还不成熟，常常得不到满意的结果。针对这种情况，可以采用将待拟合函数线性化的办法。下面以式（1-5-8）为例加以介绍。假设通过实验观察或其他的途径，得知非线性参数 β 的值可能在某一区间 $[a, b]$ 内，则可将区间 $[a, b]$ 分成 m 等份，得到 $m+1$ 个试探值 β

$$\beta = a,\ a + \frac{b-a}{m},\ a + \frac{2(b-a)}{m},\ a + \frac{3(b-a)}{m},\ \cdots,\ b$$

记 $\beta_i = a + \dfrac{i(b-a)}{m}$（$i = 0, 1, 2, \cdots, m$），将 β_i 代入式（1-5-8）中，得到

$$y = c_1 + c_2 e^{-\beta_i x} \tag{1-5-9}$$

式（1-5-9）是一个关于参数 c_1 和 c_2 的线性方程。这样，就可以采用线性拟合的方法来进行拟合，并求出相应的拟合系数 R_i 和标准偏差 σ_i。比较这 $m+1$ 对 R_i 和 σ_i，就可以找出最佳的试探值 β 来。不妨将其记为 β_j。它对应的 R_j 最接近于 1，σ_j 最接近于零。尽管如此，β_j 还不一定完全令人满意。这时，可以再在 β_j 附近的某一个小区间内继续寻找。设该区间为 $[a_j, b_j]$，β_j 属于该区间。新的区间 $[a_j, b_j]$ 当然比 $[a, b]$ 小。这时，重复上述步骤，直到找到满意的试探值 β 为止，当然优化后的 c_1 和 c_2 值也同时确定了。

上述方法虽然看起来烦琐，但在个人计算机如此普及的今天，利用计算机是非常容易实现的。该方法是一维搜索和线性最小二乘法的有机结合，它可以直接地推广到多维搜索的情形。

参考文献

[1] 武汉大学主编. 分析化学（上册）. 第 5 版. 北京：高等教育出版社，2006.

[2] 陈家鼎，郑忠国. 概率与统计. 北京：北京大学出版社，2007.

[3] 武汉大学化学和分子科学实验中心编. 物理化学实验. 武汉：武汉大学出版社，2004.

[4] 清华大学化学系物理化学实验编写组. 物理化学实验. 第 3 版. 北京：清华大学出版社，1991.

[5] 张常群，鄢红，郭广生，吕志. 计算化学. 北京：高等教育出版社，2006.

第2章

实验部分

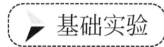 基础实验

拓展阅读

稳定同位素蒸气压效应及其在地球化学的应用

实验1 液体饱和蒸气压的测定

1. 实验目的

（1）明确液体饱和蒸气压的定义和汽-液两相平衡的概念，了解纯液体饱和蒸气压与温度之间的关系。

（2）测定纯液体在不同温度下的饱和蒸气压，并计算出正常沸点、在实验温度范围内的平均摩尔气化热。

（3）掌握测定饱和蒸气压的原理和操作方法。

（4）了解真空体系的设计、安装和操作的基本方法。

2. 实验原理

在一定温度下，纯液体与其自身的蒸气达成平衡时的压力，称为该温度下液体的饱和蒸气压。当液体的饱和蒸气压与外压相等时，液体就会沸腾，此时的温度就称为该外压下液体的沸腾温度，也称为沸点。外压改变后，液体沸点将相应改变。当外压为101325Pa时液体的沸腾温度称为液体的正常沸点。

液体的饱和蒸气压随温度的变化而变化。温度对饱和蒸气压的影响一般可以用克劳修斯-克拉贝龙（Clausius-Clapeyron）方程表示

$$\frac{\mathrm{d}\ln p}{\mathrm{d}T} = \frac{\Delta_{\mathrm{vap}}H_{\mathrm{m}}}{RT^2} \tag{2-1-1}$$

此式引入了两个合理的假设：一是液体的摩尔体积与其蒸气的摩尔体积相比很小，可忽略不计；二是蒸气服从理想气体状态方程。式中 p 为温度 T（K）时液体的饱和蒸气压；$\Delta_{\mathrm{vap}}H_{\mathrm{m}}$ 是纯液体的摩尔气化热，即1mol液体蒸发成气体所吸收的热量，其与温度有关。但若温度变

化的区间不大，$\Delta_{vap}H_m$ 可以近似视为常数，即为该温度范围内的平均摩尔气化热，此时将式 （2-1-1）积分得

$$\ln p = -\frac{\Delta_{vap}H_m}{RT} + C \tag{2-1-2}$$

或写成

$$\ln p = \frac{A}{T} + C \tag{2-1-3}$$

式中 C 为积分常数。

　　根据式（2-1-3），在一定的温度范围内，测量各温度下的饱和蒸气压 p，以 $\ln p$ 对 $1/T$ 作图，可得一直线，此直线的斜率为 $A = -\Delta_{vap}H_m/R$，由此可求出纯液体的平均摩尔气化热 $\Delta_{vap}H_m$。

　　测定液体饱和蒸气压的方法主要有以下三种。

　　（1）静态法。将被测液体置于一密闭体系中，在不同的温度下测量液体的饱和蒸气压，也就是测量液体的蒸气压随温度变化而变化。具体方法是：将被测液体封闭在平衡管里，如图 2-1-1 所示。被测液体被封在 a 管中，在一定温度下调节外压，即 c 管上方压力，使 b、c 两管液面相平，进而获得该温度下液体的蒸气压。使用静态法测量时要求 a 管上方无杂质气体，适用于具有较大蒸气压的液体。一般情况下，此法比较灵敏，准确度较高，但在测量高温下液体的蒸气压时，由于温度难以控制而准确度较差。静态法有升温法和降温法两种。

　　（2）动态法。在不同的外界压力下，测量液体的沸点。也就是测量液体的沸点随施加的外压变化而变化。原理是：当液体的饱和蒸气压等于外压时，液体会沸腾，此时的温度就是该液体的沸点。具体方法是：调节液体上方的压力，且用一个大容器的缓冲瓶维持一个压力给定值，使用压力计测量压力值，然后加热液体使其沸腾，稳定时测量液体的温度，即该压力下的沸点。该法不要求严格控制温度，适宜测定沸点较低的液体蒸气压。

　　（3）饱和气流法。在某一固定温度和压力下，用一定体积的干燥空气或者惰性气体缓慢地通过被测液体，使气流被液体的蒸气饱和。分析气体中各个组分的数量和总压，根据道尔顿分压定律求出待测液体的蒸气分压，即为该温度下被测液体的饱和蒸气压。该法适用于蒸气压较小的液体，也可测量易挥发固体例如碘的饱和蒸气压。该法的缺点是不容易达到真正的饱和状态，致使饱和蒸气压实测值偏低。因此常用该法测量溶液蒸气压的相对下降。

　　本实验采用静态法中的升温法测定不同温度下无水乙醇的饱和蒸气压，实验装置见图 2-1-1。平衡管（也称等压计、等位计）是静态法所使用的重要仪器之一，它由三根相连通的 a、b、c 玻璃管组成。a 管中储存被测液体，b、c 管底部相连通，两管中的液体可视为 a 管中的液体经蒸发后冷凝而成，也是纯的待测液体。b、c 管之间的液体将 a、b 管间的气体与空气相隔开，当 a、b 管之间完全是被待测液体的蒸气，且 b、c 管中的液面在同一水平时，则表示在 b 管液面上的蒸气压与加在 c 管液面上的外压相等。此时迅速读取低真空测压仪上的压差值和液体的温度。此温度为体系汽-液两相平衡的温度，即该外压下液体的沸点。低真空测压仪上的压差是 c 管液面上的压力与大气压的差值，由此可算出该温度下的汽-液两相平衡的压力，亦即该温度下液体的饱和蒸气压。

3. 仪器装置与试剂

ZP-BHY 饱和蒸气压测量装置，如图 2-1-1 所示。

试剂：无水乙醇（分析纯）。

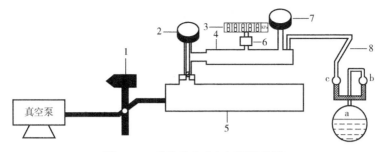

图 2-1-1　液体饱和蒸气压测量装置

1—真空泵阀；2—调压阀；3—显示屏；4—压力缓冲平衡罐；5—负压储气罐；6—传感器；7—放气阀；8—玻璃平衡管

4. 实验步骤

（1）装样。向洗净、烘干的平衡管内加入适量无水乙醇，顺一定方向反复转动平衡管，使试剂装入 a 管。a 管约存放 2/3 的液体，并与真空系统和冷却循环水连接好。

（2）置零。打开仪器电源开关，将放气阀置于"开"的位置（逆时针旋转到底，不动为止），调压阀置于"大"的位置（逆时针旋转到底，不动为止），记录大气压值；如果大气压显示值明显低于标准大气压值，可以轻轻提起平衡管上的磨口塞，使装置完全通气，此时按"置零"键，使显示为"00.00kPa"（也可按"切换"键切换"00.00mmHg"）。

（3）抽真空。打开真空泵开关，将真空阀置于"开"的位置，放气阀置于"关"的位置，此时观察到显示屏的真空压上升，平衡管内有气泡冒出（此时在排放平衡管中的空气，根据气泡大小将调压阀往"小"的方向调整，使气泡不要冲出平衡管），待真空压显示超过-60kPa后，关闭真空阀，关闭真空泵电源。

（4）升温。接通冷凝水，打开恒温水浴搅拌旋钮，避免搅拌速度过于剧烈。设置恒温水浴温度为 50℃（调整前面板左方的水槽控制的"设置"键，看到屏中光标闪烁，按"增加/停止"键，直到数字至目标值，再按"移位/加热"键，光标会在相应的位置间移动，依次设置各位数字，达到目标温度数值，再按"设置"键，即可退出设置程序），此时按下"移位/加热"键，进入加热程序，加热指示灯（绿灯）亮。

开始加热后，随着温度的升高，b 管液面降低，c 管液面升高，直至气泡从 c 管逸出。此步骤有两个作用，一是升温，二是排除 a 管液面上的空气，以保证 a、b 管液面上的压力没有空气的分压，都是无水乙醇的饱和蒸气压。为此，借助于升温过程中对系统的连续抽气，使 a 管的液体沸腾，其蒸气夹带着空气不断自 c 管冒出。b、c 管下部的液体增多可形成液封。c 管气体逸出 3~5min 左右，可以认为 a、b 管之间的空气基本排净时，残留的空气分压已经降到实验误差以下。

（5）测定 50℃下乙醇的饱和蒸气压。当加热温度达到 50℃时，将调压阀向"小"的方向旋转，使气泡消失。观察平衡管 U 型部分的液面高度，如果 c 管液面高可以将放气阀向"开"的方向调整，或将调压阀往"小"的方向调整，直到平衡管 U 型部分的液面高度一致；如果 b 管液面高，则将放气阀向"关"的方向调整，或将调压阀往"大"的方向调整，直到平衡管 U 型部分的液面高度一致。平衡管 U 型部分的液面高度一致时，记下此时的仪器显示压力值，该值也是此时的饱和蒸气压值与当前大气压的差值 Δp。

（6）测量其他温度下的饱和蒸气压。分别设置温度 55、60、65、70 和 75℃，并按照步骤（5），依次测出不同温度条件下的 Δp。

（7）测量当前大气压下的沸腾温度。将温度设定到81℃并加热，在加热的过程中，观察c管液体，避免过沸，并逐渐放开放气阀，直至完全打开到大气压，当到达81℃后停止加热。此后温度会缓缓下降，密切观察b、c管液面，当两管液面平衡的一瞬间，迅速读取温度显示值，此温度即为当前大气压下被测液体的正常沸点。

（8）实验结束后，先将"放气阀"逆时针旋转至最大处（开的位置），使系统内和外面的大气压一致，再关掉仪器电源和循环水泵。

5. 注意事项和说明

（1）搅拌速度不要太快，以免水浴中的热水溅出伤人或平衡管断裂。

（2）旋开进气阀放入空气时，切勿开得太大，以免液体被压回a管，空气倒灌。若发生空气倒灌，则需重新抽气。

（3）水浴温度高于55℃后，只要有足够的液体就尽量不要再开抽气阀，若必须开，则要求半开抽气阀，且一开即闭。

（4）实验过程中要避免液体剧烈沸腾。因为剧烈沸腾时，管内液体快速蒸发，大量的无水乙醇气体会穿过冷凝管，进入橡胶管并与之作用，随着温度的降低又冷凝回到平衡管中，导致无水乙醇变质，影响测量结果；另外若穿过冷凝管的无水乙醇气体到达低真空测压仪处，则会损坏测压仪。

6. 数据处理和结果

（1）记录实验条件和实验数据，如表2-1-1所示。

表2-1-1 不同温度下无水乙醇饱和蒸气压的测定数据

被测液体_____ 室温_____℃ 大气压_____kPa

温度			测压仪上的压差	饱和蒸气压	$\ln p$
$t/℃$	T/K	T^{-1}/K	$\Delta p/kPa$	p/kPa	

（2）由以上数据做出蒸气压p对温度T的曲线。

（3）作$\ln p$-$1/T$的直线关系图。求直线斜率，计算无水乙醇的平均摩尔气化热，列出$\ln p$与$1/T$的数学关系式[式（2-1-3）的形式]。

（4）求出无水乙醇当前大气压下的沸点和正常沸点。

（5）参考相关文献，计算平均摩尔气化热和正常沸点的误差，并讨论误差来源。

7. 思考题

（1）升温过程中若液体剧烈沸腾，应如何处理？怎样防止空气倒灌？

（2）为什么a、b管中的空气要排干净？怎样操作？

（3）所用的每个测量仪器的精度是多少？试推导最后得到的气化热应该有几位有效数字。

（4）本实验方法能否用于测定溶液的蒸气压？为什么？

参考文献

[1] 傅献彩，沈文霞等. 物理化学上册. 第 5 版. 北京：高等教育出版社，2005.
[2] 何广平，南俊民，孙艳辉等. 物理化学实验. 北京：化学工业出版社，2008.
[3] 张春晖，赵谦等. 物理化学实验. 南京：南京大学出版社，2003.
[4] 许新华，王晓岗，王国平. 物理化学实验. 北京：化学工业出版社，2017.
[5] 李晔，韦美菊. 物理化学实验（工科类专业用）. 北京：化学工业出版社，2013.

实验 2　凝固点下降法测定不挥发溶质的分子量及溶质、溶剂的活度

拓展阅读

三相点温度的测定和温标的确定

1. 实验目的

（1）掌握溶液凝固点的测定技术。

（2）用凝固点下降法测定蔗糖的相对分子质量以及溶液中组元的活度。

（3）理解稀溶液的依数性。

2. 实验原理

化合物的相对分子质量是重要的物理化学数据之一，用凝固点下降法测定化合物的相对分子质量，是一种简单而比较准确的方法。当溶液中析出的固体是纯溶剂时，溶液的凝固点总是低于纯溶剂的凝固点。根据稀溶液的依数性规律，凝固点的下降与溶质浓度成正比

$$T_0 - T = \Delta T = K_f m \qquad (2\text{-}2\text{-}1)$$

式中，T_0 和 T 分别是纯溶剂和浓度为 m 的溶液的凝固点；K_f 是溶剂的摩尔凝固点下降常数，水的 $K_f = 1.858 \text{K} \cdot \text{kg/mol}$；$m$ 是溶液中溶质的质量摩尔浓度。

如果称取相对分子质量为 M 的溶质 W（g）与 W_0（g）的溶剂（水）配成一稀溶液，则此溶液的质量摩尔浓度为

$$m = \frac{W/M}{W_0} \times 1000 \qquad (2\text{-}2\text{-}2)$$

将式（2-2-2）代入式（2-2-1）得

$$\Delta T = K_f \frac{1000W}{MW_0} \qquad (2\text{-}2\text{-}3)$$

若已知溶剂的 K_f 值，则测定此溶液的凝固点下降值 ΔT 后，便可按下式计算溶质的相对分子质量

$$M = \frac{K_f}{\Delta T} \times \frac{1000W}{W_0} \qquad (2\text{-}2\text{-}4)$$

以上公式只适用于非电解质溶质相对分子质量的测定。本实验通过测定水溶液的凝固点下降值来确定蔗糖的相对分子质量。

稀溶液中溶剂的浓度与纯溶剂、溶液的凝固点有如下关系

$$\ln x_1 = \frac{\Delta H_1}{R}\left(\frac{1}{T_0} - \frac{1}{T}\right) \tag{2-2-5}$$

式中，x_1 是溶剂的摩尔分数；ΔH_1 是纯溶剂的摩尔熔化热；R 是摩尔气体常数。

如果溶液不服从稀溶液规律，可以引入活度代替原来的浓度，上式变为

$$\ln a_1 = \frac{\Delta H_1}{R}\left(\frac{1}{T_0} - \frac{1}{T}\right) \tag{2-2-6}$$

式中，a_1 是溶剂的活度。因为 $T_0 \approx T$，式（2-2-6）亦可写作

$$\ln a_1 = -\frac{\Delta H_1}{RT_0^2}(T_0 - T) \tag{2-2-7}$$

按式（2-2-6）或式（2-2-7）可求出溶剂的活度。由 Gibbs-Duhem 方程出发，可以求出溶质的活度 a_2

$$\ln\frac{a_2}{m} = \frac{2(T_0 - T)}{1.858m} - 2 \tag{2-2-8}$$

纯溶剂的凝固点是它的液相和固相共存时的平衡温度。若将纯溶剂逐步冷却，其冷却曲线如图 2-2-1（a）所示。但实际过程中往往发生过冷现象，即液相要处在凝固点以下的温度才开始析出固体，一旦结晶出固相，温度便回升到稳定的平衡温度。待液体全部凝固后，温度再度逐渐下降，其冷却曲线如图 2-2-1（b）所示的形状。

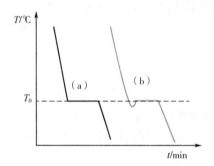

图 2-2-1　纯溶剂的冷却曲线

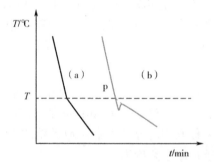

图 2-2-2　溶液的冷却曲线

溶液的凝固点是该溶液的液相与溶剂的固相共存时的平衡温度。若将溶液逐步冷却，其冷却曲线与纯溶剂的不同：当溶液中由于部分溶剂凝固而析出时，剩余溶液的浓度将逐渐增大，因而剩余溶液与溶剂固相的平衡温度也在逐步下降，其冷却曲线见图 2-2-2（a）；如有过冷现象存在，其曲线如图 2-2-2（b）实线所示。溶液过冷后结晶析出使温度回升，但严格而论，回升后的最高温度已不是原浓度溶液的凝固点了。溶液凝固点可取冷却曲线延长线交点的方法来得到，如图 2-2-2（b）中 p 点。如过冷太严重，容易影响测定结果，因此在测定过程中应控制适当的过冷度，一般可通过调节制冷功率来实现。

3. 仪器装置与试剂

FPD-4A 凝固点测定装置（图 2-2-3）；分析天平；吸量管；样品瓶；冰袋。

蔗糖（分析纯）；去离子水。

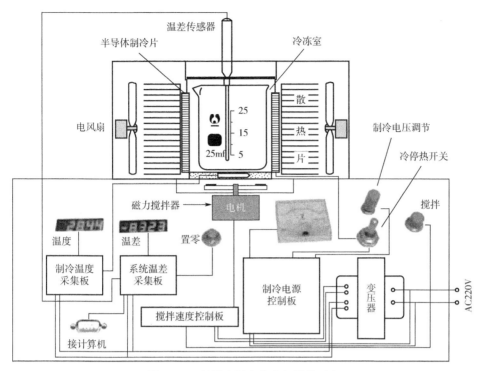

图 2-2-3　凝固点测定仪内部结构示意

4. 实验步骤

（1）用移液管量取 18mL 去离子水，装入样品瓶，旋转拧好盖子，插入温度探头，将样品瓶放入凝固点装置的制冷室中，将搅拌棒与小电机连接。

（2）打开仪器电源开关，设置读数间隔为 30s，电压表切忌大满偏，只需调至显示 6 V 左右，此时温度开始逐渐下降。

（3）仪器温度显示均为相对值。当温度小于 8℃时，打开电动搅拌，调整好搅拌器的平衡，不要颤动；用冰袋斜搭在瓶盖以降低环境温度。

（4）温度继续下降到 2℃左右开始测量纯水的冷却曲线，每 30s 读一次温度并连续记录。降温过程中观察并微调制冷电压旋钮以保持辅助温度显示在 -13～-15℃，注意降温速率每跳动一次降低不要少于 0.003℃。降温至过冷以后温度会突然回升，接着冷却曲线会出现固液平台，一定要在出现较稳定的平台（温度的千分位偶有上下也属正常）达 5min，读数方可结束。将制冷电压旋钮调至最左侧，关闭搅拌电机。

（5）将样品瓶取出，向其中加入称取的 2.5g 蔗糖（记录到质量千分之一位），搅拌至完全溶解，将样品瓶重新放入制冷室。

（6）仍将功率表调到显示 6 V 左右并开启搅拌，同上，测定蔗糖溶液 1 的冷却曲线，与纯溶剂不同，蔗糖溶液的冷却曲线在过冷回升后的温度不是平台，而是缓缓向下的斜线。降温过程中观察并微调制冷功率以保持辅助温度显示在 -17～-15℃，当此斜线（偶有浮动，但总趋势应呈下斜）出现 5min 后停止读数，将制冷电压旋钮调至最左侧，关闭搅拌电机。

（7）将样品瓶取出，再加入 1.2g 蔗糖，玻棒搅拌至完全溶解，同样测定溶液 2 的冷却曲线，读数结束后关闭制冷，关闭搅拌，关闭仪器总开关。

5. 注意事项和说明

（1）纯溶剂的冷却曲线实验过程中：

① 在过冷回升以后的固液平衡温度千分位出现轻微上下浮动是正常的；

② 如果过冷回升以后的固液平衡曲线长时间呈现持续下降，则说明溶剂可能被污染，此时就要重新实验。

（2）溶液的冷却曲线实验过程中：

① 如果在过冷回升以后的固液平衡温度千分位偶尔出现轻微上下浮动，只要整体呈下降趋势则是正常的；

② 如果过冷回升以后的固液平衡温度长时间没有规律地忽上忽下，则说明辅助温度控制不合适（辅助温度过高或过低都会出现这种情况），此时要适当升高或降低辅助温度，继续读数，直到曲线整体呈下降趋势。

6. 数据处理和结果

（1）在坐标纸上，以时间为横坐标，温度为纵坐标（注意坐标最小分格要与仪器精度吻合），分别绘制出纯水和两种不同浓度蔗糖溶液的冷却曲线，并用作图法从冷却曲线确定纯水及各个浓度的蔗糖溶液的凝固点数值，再由此求得溶液的凝固点下降值，填入表 2-2-1 中。

表 2-2-1　纯水和蔗糖溶液的凝固点

室温：_____　大气压：_____　第一次称量的蔗糖质量：_____　第二次称量的蔗糖质量：_____

项目	浓度/（mol/kg）	凝固点作图显示值/℃	ΔT/℃	凝固点温度/K
纯水	—		—	
溶液 1				
溶液 2				

（2）分别计算实验所配制的两个蔗糖溶液的质量摩尔浓度。

（3）用溶液的凝固点下降数值分别计算两种不同浓度溶液的溶质和溶剂的活度。

（4）用稀溶液的凝固点下降数值计算溶质的相对分子质量，并对照标准数据（$M_{C_{12}H_{22}O_{11}} = 342.29$）计算百分误差。

7. 思考题

（1）如果选取浓溶液的凝固点下降值计算溶质的相对分子质量可能产生什么性质的误差？

（2）冷却曲线出现过冷现象的原因是什么？

参考文献

[1] 傅献彩，沈文霞等．物理化学上册．5 版．北京：高等教育出版社，2005．

[2] 许新华，王晓岗，王国平．物理化学实验．北京：化学工业出版社，2017．

[3] 李晔，韦美菊．物理化学实验（工科类专业用）．北京：化学工业出版社，2013．

实验 3　碳与二氧化碳反应平衡常数的测定

拓展阅读

高炉冶炼原理

1. 实验目的

（1）了解高温气化反应平衡常数的测定方法。

（2）加深对反应平衡状态的理解。了解在恒温恒压下反应达到平衡后，通过分析平衡态各组元的含量来确定平衡常数的方法。

（3）了解影响反应平衡的各种因素，特别是温度对反应平衡的影响。基于不同温度下平衡常数的数据，计算此气化反应的有关热力学函数。

（4）学会控温仪的使用方法和恒温控制实验技术。

2. 实验原理

在工业生产中，特别是在冶金生产中燃烧反应是重要的化学反应之一。

$$C+O_2 \!\!=\!\! CO_2 \qquad \Delta H_m=-393.5kJ/mol$$

$$C+CO_2 \!\!=\!\! 2CO \qquad \Delta H_m=172.5kJ/mol$$

以上是碳的两个燃烧反应。第一个反应可提供大量热量；第二个反应可提供气体燃料和气态还原剂，是高炉中重要的反应之一，被称为碳的气化反应。

在一定温度和压力下，第二个反应达到平衡后平衡常数 $K^\ominus$ 表示如下

$$K^\ominus = \frac{p_{CO}^2}{p_{CO_2}p^\ominus} = \frac{[CO含量]^2 p}{[CO_2含量]p^\ominus} \qquad (2\text{-}3\text{-}1)$$

式中，p 是总压；$p^\ominus$ 是标准压力。

本实验是在与外界大气压几乎相等的条件下进行的，其中外压（p_{ex}）可由气压计读出，公式如下

$$p_{CO_2} + p_{CO} = p_{ex} \qquad (2\text{-}3\text{-}2)$$

利用干燥的 CO_2，在恒压、恒温下，缓慢地通过 C 层使反应达到平衡。利用气体分析器，分析反应达到平衡后的气相组成，便可得到该温度下的 CO 含量与 CO_2 含量，并利用上式计算 $K^\ominus$。

温度对平衡常数的影响由化学反应等压式表示

$$\frac{\mathrm{d}\ln K^\ominus}{\mathrm{d}T} = \frac{\Delta_r H_m}{RT^2} \qquad (2\text{-}3\text{-}3)$$

式中，$\Delta_r H_m^\ominus$ 为反应的标准摩尔焓变。由于压力对焓变影响不大，故常以 $\Delta_r H_m$ 代替 $\Delta_r H_m^\ominus$。

若在实验温度范围内，$\Delta_r H_m^\ominus$ 可以近似地看作常数，则对式（2-3-3）积分可得

$$\ln K^\ominus = -\frac{\Delta_r H_m^\ominus}{RT} + C \qquad (2\text{-}3\text{-}4)$$

根据式（2-3-4），利用实验所得的不同温度下的平衡常数 $K^\ominus$，绘制 $\ln K^\ominus - \frac{1}{T}$ 曲线，由直线斜率即可求得该反应的反应热 $\Delta_r H_m^\ominus$。

根据 $\Delta_r G_m^{\ominus} = -RT\ln K^{\ominus}$，可求得给定温度下反应的标准摩尔吉布斯自由能变 $\Delta_r G_m^{\ominus}$。已知 $\Delta_r H_m^{\ominus}$ 和 $\Delta_r G_m^{\ominus}$，就可根据 $\Delta_r G_m^{\ominus} = \Delta_r H_m^{\ominus} - T\Delta_r S_m^{\ominus}$ 求得给定温度下反应的标准熵变 $T\Delta_r S_m^{\ominus}$。

3. 仪器装置与试剂

实验装置如图 2-3-1 所示。储气罐 1 排出 CO_2 气体流经无水氯化钙干燥塔 2、保险球 3、浓硫酸干燥瓶 4、控制流速微调旋钮 5，进入加热到一定温度的瓷管 7，反应平衡后的气体进入气体分析器。管式炉 6 的炉温由控温仪 9 进行控制。平衡气体经三通阀 10 进入集气管（即量气管）11。水准瓶 12 内装指示液。气体吸收瓶 14 内装浓氢氧化钾，用于吸收二氧化碳气体（$2KOH + CO_2 \!\!=\!\! K_2CO_3 + H_2O$）吸收瓶 14 的水封瓶 15 内装蒸馏水，用于防止氢氧化钾吸收空气中的二氧化碳。

用品：炭粒、铁夹、玻璃棒。

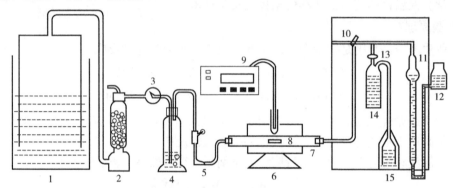

图 2-3-1　碳的气化反应实验装置

1—储气罐；2—无水氯化钙干燥塔；3—保险球；4—浓硫酸干燥瓶；

5—流速微调旋钮；6—电炉；7—石英管；8—炭粒；9—控温仪；10—三通阀；

11—集气管（量气管）；12—水准瓶；13—二通阀；14—气体吸收瓶；15—水封瓶

4. 实验步骤

（1）装样品。按图 2-3-1 所示装置装好仪器设备，用堵头将炭粒固定在石英管 7 中，使炭粒充满炉膛中的石英管的中间位置（电炉同温带），然后把石英管放置于管式炉 6 的中间位置。

（2）检漏。三通阀的常用位置有三种，见图 2-3-2。

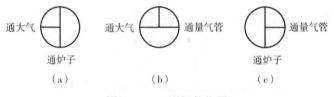

图 2-3-2　三通阀的位置

分段检查装置是否漏气。首先扭通无水氯化钙干燥塔 2，转动阀 10 至图 2-3-2（a）所示的位置，即使炉管与大气相通，而封闭量气管。然后旋开微调旋钮 5，观察干燥瓶 4，如有气泡冒出，关闭阀 10，再观察干燥瓶 4，若有气泡冒出说明阀 10 之前有漏气的地方，此时可逐段用手捏紧橡皮管，并观察干燥瓶 4 有无气泡冒出，找到漏气地方处理好。如没有气泡冒出，表示阀 10 之前不漏气。体系不漏气后开始下面的实验。

（3）调节流量。转动阀 10 至图 2-3-2（b）所示的位置，使量气管与大气相通，并封闭炉管。抬高水准瓶 12，使量气管 11 中的空气排尽。转动阀 10 至图 2-3-2（c）所示的位置，使量气管与炉管相通，而与大气不相通。放下水准瓶。调节微调旋钮 5，观察硫酸干燥瓶 4 内的气泡情况，看见气泡一个接一个地冒出时，抬高水准瓶 12，使其液面与量气管 11 的液面对齐，准备好计时器，开始计时。控制水准瓶与量气管中的液面对齐并一起缓慢下降，一分钟时观察量气管中的气体的体积，若大于 40mL 要关小微调旋钮 5；小于 30mL 时要开大微调旋钮 5。重复上面的操作，直至流量在 30～40mL/min 之间。调好流量后，微调旋钮 5 固定不动，流量即固定，以后实验中要保持流量不变。

（4）通电升温。

① 旋转三通阀至（a）位置，使体系连通大气。打开电源开关（包括控温仪背后和前面的开关）；按 "run" 键两秒，启动仪表。

② 升温：按下绿色 "start" 按钮，启动加热；待温度自动升高至 600℃，然后保持恒温 5min。注意：勿动 "A/M" "stop" "↘" 三个按键。

在升温过程中要练习气体分析器的使用，见实验步骤（5）。

（5）取气分析 CO 含量。

① 清洗气体分析器：使三通阀 10 处于图 2-3-2 中的（b）所示的位置，抬高水准瓶 12，把指示液压至量气管 11 的顶端位置，可将量气管 11 中的气体排至大气中。然后降低水准瓶 12，使量气管充满大气。此步骤重复操作两次。

② 取样分析反应达到平衡时气体中的 CO、CO_2 含量：紧接着操作实验步骤①，抬高水准瓶 12，使其液面与量气管 11 顶端的 "0" 刻度线对齐，将阀 10 转至图 2-3-2（c）所示的位置，控制水准瓶与量气管中液面，使其位于同一高度并一起下降取气，观察量气管 11 中气体的体积，当接近 100mL 时，把阀 10 转到与大气相通的图 2-3-2（a）所示的位置，然后准确读取数据，即为取样体积。把水准瓶 12 与量气管 11 中的气体全部排入二氧化碳气体吸收瓶 14 后，再缓慢降低水准瓶 12，使剩余气体全部回到量气管 11，然后缓慢抬高水准瓶 12，使气体再全部排入吸收瓶 14，如此反复 3～4 次，使混合气体与 KOH 溶液充分接触吸收其中的 CO_2。将剩余气体排入集气管 11，关闭阀 13。水准瓶 12 与集气管 11 两液面位于同一高度，读取数据，即为 CO%，而 CO_2%=100%−CO%。

③ 转动三通阀 10 至图 2-3-2（b）所示的位置，使量气管与大气相通，抬高水准瓶 12，将剩余气体排出大气。

④ 同实验步骤②操作，在同温度下再次分析平衡气体中 CO 与 CO_2 的含量，结果取二者的平均值。

（6）温度控制。600℃的数据测完后，按 "run" 键 2s，炉子自动升温至 700℃；700℃的数据测完后，按 "run" 键 2s，炉子自动升温至 800℃；800℃的数据测完后，按 "run" 键 2s，炉子自动升温至 900℃；到达目标温度恒温 5min 后，同实验步骤（5），操作分析气相平衡成分。

（7）结束。实验完毕后，按 "run" 键 2s，炉子执行关闭程序。不用关闭电源开关，降温后教师关机。注意勿将石英管从电炉中取出，以免高温的石英管造成烫伤、并因急速降温炸裂而引起危险。

将气体分析器恢复原状，关闭气路和控温仪面板上的电源，并断电。

5. 数据处理和结果

（1）实验记录数据如表 2-3-1。

（2）列式计算各温度下的反应平衡常数 $K^{\ominus}$、$\ln K^{\ominus}$、$\dfrac{1}{T}$ 值，并将数据填入表内。

（3）绘制平衡气相中 CO 含量/% 与温度 t 的关系曲线。

（4）绘制 $\ln K^{\ominus} - \dfrac{1}{T}$ 直线，由直线斜率求反应热 $\Delta_r H_m^{\ominus}$。

表 2-3-1　碳与二氧化碳反应平衡常数的测定实验数据记录和处理

室温：＿＿＿＿℃，＿＿＿＿℃，＿＿＿＿℃，平均＿＿＿＿℃。

大气压力：（1）＿＿＿＿，（2）＿＿＿＿，（3）＿＿＿＿，平均＿＿＿＿

实验温度 t/℃	次数	取样体积 /cm³	分析结果		平均含量 CO/%	CO₂ 含量/%	$K^{\ominus}$	$\ln K^{\ominus}$	$\dfrac{1}{T}$/K⁻¹
			V_{CO}/cm³	CO 含量/%					

（5）计算 600℃ 和 900℃ 时该反应的 $\Delta_r G_m^{\ominus}$ 和 $\Delta_r S_m^{\ominus}$。

（6）讨论温度对反应平衡移动的影响。

6. 思考题

（1）炭粒为什么要放置在炉子的同温带上？

（2）改变压力对实验有何影响？收集气体时水准瓶的液面为什么要与量气管的液面相平？

（3）实验要求控制一定的流量，流量过快、过慢有何影响？

（4）热电偶测温原理是什么？为什么热电偶冷端温度保持恒定，如何保持恒定？

参考文献

[1] 傅献彩，沈文霞等. 物理化学. 第 5 版. 北京：高等教育出版社，2005.

[2] 武汉大学化学与分子科学学院实验中心. 物理化学实验. 武汉：武汉大学出版社，2004.

[3] 陈斌. 物理化学实验. 北京：中国建材工业出版社，2004.

[4] 李晔，韦美菊. 物理化学实验（工科类专业用）. 北京：化学工业出版社，2013.

金属基相变材料
的应用前景

实验4 二组分固-液相图的绘制

1. 实验目的

（1）了解二组分固-液相图的基本特点。

（2）学会用热分析法绘制 Pb-Sn 二组分固-液相图。

（3）掌握热分析法绘制相图的基本原理，了解测定复杂相图的一般方法。

2. 实验原理

（1）二组分固-液相图。

相图是表示多相平衡体系的存在状态随组成、温度、压力等因素变化的关系图。它包括平衡时体系中有哪些相，各相的成分如何，不同相的相对量是多少，以及它们随浓度、温度、压力等变量变化的关系。

多组分体系的自由度与相的数目有以下关系：

自由度 = 独立组分数 − 相数 + 2 （其中二组分体系的独立组分数为 2）

由于一般物质其固液两相的摩尔体积差别不大，使得固液相图受外界压力的影响很小，因此讨论时可不考虑压力的影响。二组分固-液体系中至少有一个相，根据相律，二组分其自由度数最多为 2，即最多有温度和组成两个独立变量，即可以用温度-组成图表示。目前，二组分固-液相图在冶金、化工等领域得到广泛应用。

简单的二组分固-液相图主要有三种类型：一种是二组元液态完全互溶，固态完全不互溶，生成最低共熔混合物类型，如 Bi-Cd 体系；另一种是液态完全互溶，固态也能完全互溶，生成连续固溶体类型，如 Cu-Ni 体系；还有一种是液态完全互溶，固态部分互溶，生成不连续固溶体类型，如 Pb-Sn 体系。本实验所研究的 Pb-Sn 体系就是这种具有代表性的液态完全互溶、固态部分互溶，且具有低共熔点的固-液相图。

（2）热分析法和步冷曲线。

热分析法是绘制金属相图常用的一种实验方法，用于观察被研究体系温度变化与相变化之间的关系。其原理是将体系加热熔融，然后让其在一定环境中自然冷却，每隔一定时间记录一次温度，绘制温度与时间关系的曲线——步冷曲线。当体系自然冷却过程中无相变化时，其温度将连续均匀下降得到一条光滑的步冷曲线；当体系在自然冷却过程中发生相变时，体系产生的相变热可以抵消体系因冷却向环境放出的热量，步冷曲线就会出现转折或水平线段，转折点所对应的温度，即为该组成体系的相变温度。因此，测定体系的步冷曲线，通过步冷曲线的转折点或水平线段可确定体系发生相变的温度，再结合相律等其他手段，可绘制出体系的相图（温度-组成图）。具有低共熔点体系的不同组成熔体的步冷曲线对应的相图如图 2-4-1 所示。

采用热分析法绘制金属相图时，必须保证被测体系的冷却速度足够慢才能使得体系处于或接近相平衡状态，才能得到更精确的实验数据；此外，冷却过程中新的固相出现以前易发生过冷现象，轻微过冷对测量相变温度有利，如图 2-4-2 所示为有轻微过冷现象的步冷曲线，遇此情况作步冷曲线延长线求交点即可得到合理的转折点温度，即相变温度，如图 2-4-2 中虚线所示。

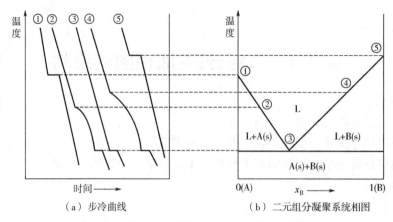

（a）步冷曲线　　　　　　　　　（b）二元组分凝聚系统相图

图 2-4-1　不同组成熔体的步冷曲线及对应的相图

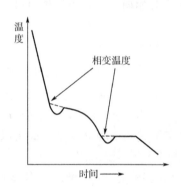

图 2-4-2　有过冷现象时的步冷曲线

一个相图的完整测绘，除采用热分析法外，常常还需借助其他技术。例如金相显微镜、X射线衍射方法以及化学分析等手段共同解决。

3. 仪器装置与试剂

JX-3D8 金属相图实验装置。

配纯 Pb、纯 Sn 和不同 Pb、Sn 含量的样品 8 个，样品编号和含量如表 2-4-1。

表 2-4-1　JX-3D8 金属相图实验配置样品

序号	1	2	3	4	5	6	7	8
样品编号	1#	11#	2#	21#	31#	4#	5#	6#
Pb/%（质量分数）	100	85	80	70	55	38.1	20	0
Sn/%（质量分数）	0	15	20	30	45	61.9	80	100

4. 实验步骤

（1）检查 JX-3D8 金属相图测量装置，将表 2-4-1 中样品按顺序插入 1～8 号炉体，检查测温传感器编号和炉体编号是否一一对应。

（2）插好电源插头，打开金属相图测量装置电源开关。

（3）参数设置。

① 在 JX-3D8 金属相图测量装置控制面板上，如图 2-4-3，按"设置"键进入设置状态。按"确定"键选择要修改的参数。

图 2-4-3　JX-3D8 金属相图测量装置控制面板

② 按下"设置"键，屏幕显示的"目标"参数为加热设定温度，按"+1""−1"键调节设定温度，按"×10"键会改变温度 10 倍，超过 600℃ 归零重调。具体设定温度要先从标准 Pb-Sn 相图（如图 2-4-4）查出该合金完全熔化温度（该组成与液相线对应的温度），按高于该值 30℃ 设定温度，鉴于 JX-3D8 金属相图测量装置可以同时测量 8 个样品，需要按 8 个样品中完全熔化温度最高的样品熔化温度+30℃ 设定，从图 2-4-4 可以看出纯铅熔化温度最高 327℃，因而设定目标温度 357℃。

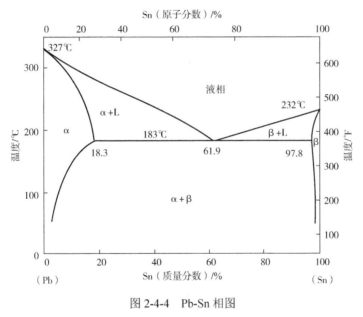

图 2-4-4　Pb-Sn 相图

③ 屏幕显示的"加热"参数为加热功率，最高 250W，可通过"+1""−1""×10"三键调节，超过 250W 归零。

④ 屏幕显示的"保温"参数为保温功率，加热到设定温度后，仪器会以该功率保温。默认 30W，最高 50W，可调节。

⑤ 设置完成后按"确定"键返回测量状态。

（4）步冷曲线测量

① 参数设定完成后，按"加热"键仪器进入加热状态，到设定温度自动停止。中途需要停止加热时可以按"停止"键停止仪器加热。通过开、关仪器不同加热通道开关可以分别加

热对应样品，开关亮或闪烁代表对应通道正在加热。

② 温度加热到设定温度后，按下"保温"键可进入到保温状态，减缓降温速度。保温状态下按"停止"键可以停止保温加热。需要注意整个降温过程需要状态一致。

③ 降温过程可以利用风扇加快降温速度，风扇开关拨至"慢"说明打开了风扇，散热加快，开关拨至"快"散热更快，停止风扇需要将风扇开关拨至"关"。同保温条件一样整个降温过程需要状态一致。

④ 降温过程中，每隔30s记录各个样品的温度数据，直到测出样品最终相变点后再记录10个数据。样品最终相变点温度与组成相关，可以从图2-4-4样品组成判断样品最终相变大概温度，降温过程注意该最后相变点。

5. 数据处理和结果

（1）在坐标纸上，以温度为纵坐标，时间为横坐标，绘制出各样品的步冷曲线。并从步冷曲线上确定转折点及水平线段的温度，将数据填入表2-4-2中。

（2）从标准的 Pb-Sn 相图上查出其他六组样品的熔点，填入表2-4-2中，并查出 α 相和 β 相的饱和溶解度值（即相图水平线的两个端点）。

（3）用表2-4-2中所示数据，以温度为纵坐标，质量分数为横坐标，绘制 Pb-Sn 相图。

（4）在所绘相图上用相律分析各个相区、熔点及低共熔点的相数及自由度数。

（5）计算实验偏差并分析产生偏差的原因。

表 2-4-2　Pb、Sn 及其混合物的相变温度记录表

室温：＿＿＿＿＿＿　　　　大气压力：＿＿＿＿＿＿

相变温度 ＼ 合金成分	Pb 质量分数/%							
	0	20	38.1	55	70	80	85	100
熔点（转折点）								
共晶温度								

6. 思考题

（1）为什么步冷曲线有时会出现转折点，有时会出现水平线段？使用相律加以解释。

（2）如果合金的组成进入固溶体区（在本相图中含 81%Pb 以上），步冷曲线该是什么形状？

（3）为什么不同组分熔体的步冷曲线上最低共熔点的水平线段长度不同？

（4）Pb-Sn 二元合金相图有哪些基本特点？

参考文献

[1] 傅献彩，沈文霞，姚天扬．物理化学．北京：高等教育出版社，1990.

[2] 北京大学物理化学教研室．物理化学实验．北京：北京大学出版社，1997.

[3] Emest M Levin. Phase diagrams for ceramists. American Ceramic Society，1959.

拓展阅读

手性、手性碳原子和旋光性的相互关系及构型表示

实验 5　蔗糖水解的反应速率常数的测定

1. 实验目的

（1）根据物质的光学性质研究蔗糖水解反应，测定反应的速率常数。

（2）掌握旋光仪的基本原理、熟悉使用方法。

2. 实验原理

（1）蔗糖的转化为一级反应。

蔗糖在酸催化作用下水解为葡萄糖和果糖，其反应方程式为

$$C_{12}H_{22}O_{11}(蔗糖) + H_2O \xrightarrow{H^+} C_6H_{12}O_6(葡萄糖) + C_6H_{12}O_6(果糖)$$

由于在较稀的蔗糖溶液中，水是大量的，反应过程中水的浓度可以认为不变，因此在一定酸度下，反应速率只与蔗糖的浓度有关，故蔗糖的转化反应可视为一级反应。所以

$$v = \frac{-dc}{dt} = kc \tag{2-5-1}$$

式中，k 为反应速率常数；v 为反应速率；t 为反应时间；c 为时间 t 时蔗糖的浓度。做不定积分可得

$$\ln c = -kt + B \quad （B 为积分常数） \tag{2-5-2}$$

当 $t=0$ 时

$$B = \ln c_0 \tag{2-5-3}$$

c_0 是蔗糖的起始浓度，代入上式可得定积分式

$$k = \frac{1}{t} \ln \frac{c_0}{c} \tag{2-5-4}$$

当反应进行一半所用的时间称为半衰期，用 $t_{1/2}$ 表示，则

$$\ln \frac{c_0}{c_0/2} = kt_{1/2} \tag{2-5-5}$$

解得

$$t_{1/2} = \frac{\ln 2}{k} = \frac{0.6932}{k} \tag{2-5-6}$$

一级反应有以下三个特点：

① k 的数值与浓度无关，它的量纲为：时间$^{-1}$，常用单位 s^{-1}，min^{-1} 等。

② 半衰期与反应物起始浓度无关。

③ 以 $\ln c$ 对 t 作图应得一直线，斜率为 $-k$，截距为 B。

由此可用作图法求得直线斜率，计算反应速率常数 $k = -$斜率。

（2）反应物质的旋光性。

蔗糖及其水解产物葡萄糖和果糖都含有不对称碳原子，因此它们都具有旋光性，即都能使透过它们的偏振光的振动面旋转一定的角度，此角度称为旋光度，以 α 表示。蔗糖、

葡萄糖能使偏振光的振动面按顺时针方向旋转，为右旋物质，旋光度为正值。果糖为左旋物质，旋光度为负值，数值较大，因此，整个水解混合物是左旋的。所以可以通过测定反应过程中旋光度的变化来量度反应的进程。量度旋光度的仪器称旋光仪，旋光仪的原理见3.6节。

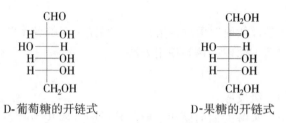

D-葡萄糖的开链式   D-果糖的开链式

（3）旋光度与比旋光度。

溶液的旋光度与溶液中所含旋光物质的种类、浓度、液层厚度、光源的波长以及反应时的温度有关。

为了比较各种物质的旋光能力，引入比旋光度$[\alpha]$这一概念，并以下式表示

$$[\alpha]_{\lambda}^{t} = \frac{\alpha}{lc} \tag{2-5-7}$$

式中，t为实验时的温度；λ为所用光源的波长，一般使用钠光灯，波长为589nm，以D表示；α为旋光度；l为液层厚度（常以10cm为单位）；c为浓度（常用100mL溶液中溶有质量m的物质来表示）。式（2-5-7）可写成

$$[\alpha]_{D}^{t} = \frac{\alpha}{lm/100} \tag{2-5-8}$$

或

$$\alpha = [\alpha]_{D}^{t} lc \tag{2-5-9}$$

由式（2-5-9）可以看出，当其他条件不变时，旋光度α与反应物的浓度成正比，即

$$\alpha = K'c$$

式中，K'为一个常数。它只与物质的旋光能力、溶液层厚度、溶剂性质、光源的波长、反应时的温度等因素有关。

蔗糖是右旋性物质（比旋光度$[\alpha]_{D}^{20} = 66.6°$），产物中葡萄糖也是右旋性物质（比旋光度$[\alpha]_{D}^{20} = 52.5°$），而果糖是左旋性物质（比旋光度$[\alpha]_{D}^{20} = -91.9°$）。因此当水解反应进行时，右旋角不断减小，当反应终了时体系将经过零变成左旋。

（4）旋光度变化与浓度变化的对应关系。

蔗糖水解反应中，反应物与生成物都有旋光性，旋光度与浓度成正比，且溶液的旋光度为各物质的旋光度之和。若反应时间为0、t、∞时溶液旋光度各为α_0、α_t、α_∞，可推导出

$$C_0 = K'[\alpha_0 - \alpha_\infty], \qquad C_t = K'[\alpha_t - \alpha_\infty] \tag{2-5-10}$$

式中，α_0为开始时蔗糖的右旋角；α_t为反应进行到t时混合物的旋角；α_∞为水解完毕时的左旋角。可用$\alpha_0 - \alpha_\infty$代表蔗糖的总量，$\alpha_t - \alpha_\infty$代表t时的蔗糖量。反应速率常数k可以表示为：

$$k=\frac{1}{t}\ln\frac{c_0}{c}=\frac{1}{t}\ln\frac{K'(\alpha_0-\alpha_\infty)}{K'(\alpha_t-\alpha_\infty)}=\frac{1}{t}\ln\frac{\alpha_0-\alpha_\infty}{\alpha_t-\alpha_\infty} \qquad (2\text{-}5\text{-}11)$$

以 $\ln(\alpha_t-\alpha_\infty)$ 对 t 作图，由图中的直线斜率求 k 值，进而可以求得半衰期 $t_{1/2}$。

3. 仪器装置与试剂

自动旋光仪 1 台；秒表 1 块；恒温水浴槽 1 套；粗天平 1 台；烧杯（200mL）1 只；量筒（100mL）1 只；锥形瓶（150mL）3 个；移液管（25mL）2 支；玻璃漏斗 1 个；玻璃棒 1 个；洗耳球 1 个；橡胶塞子 1 个；滤纸，擦镜纸若干 。

蔗糖（分析纯）1 瓶；4mol/L HCl 溶液。

4. 实验步骤

（1）仪器的使用方法。

① 打开仪器电源开关并预热 30min，主界面上当前温度为样品室内温控探头检测到的环境温度。

② 机械调零：按下仪器主界面"复测"键，仪器会自动检测数据。如不能正常回到"0.000"点，点击"清零"键进行机械调零。

③ 参数设置：点击主界面"模式"键，选择旋光度模式，点击确认后返回主界面；点击"参数"键，选择试管长度为 200mm，确认后返回主界面。

④ 确定所用旋光管的空白数值：将装有去离子水的旋光管放入样品室，观察数据窗口的数据显示，该数据为旋光管的空白值，按"清零"进行清除。

⑤ 取出旋光管，倒出去离子水，用待测溶液润洗旋光管。

⑥ 装待测液：将待测液装入旋光管，按与测空白时相同的位置和方向放入样品室，盖好样品室盖，显示屏上显示该样品旋光度的数值。"－"为左旋，"+"为右旋。

⑦ 仪器使用完后，取出旋光管，将样品室擦拭干净，关闭仪器电源开关。

（2）蔗糖溶液的配制。

用天平称取 20g 蔗糖溶于 200mL 烧杯内，用量筒加 100mL 去离子水，使蔗糖完全溶解。如果溶液浑浊，则需要过滤。

（3）反应过程中旋光度的测定。

① 用去离子水校正仪器的零点。测量前必须使用去离子水润洗旋光管，然后再注入去离子水（不要太满或有气泡），用纸擦净两端玻璃片，放入自动旋光仪内，盖上箱盖。待显示的数字稳定以后，按清零键以校正仪器的系统误差。

② 用移液管移取 25mL 蔗糖溶液于 150mL 锥形瓶中，另取移液管移取 25mL（4mol/L）HCl 溶液于该锥形瓶中，注意先加蔗糖溶液。当 HCl 溶液流出移液管一半时开始计时，溶液加完后迅速混合均匀。用反应液荡洗旋光管两次后，再将旋光管注入反应液（注意倒溶液时应十分小心，不要使溶液流出管外）。按要求擦净表面（反应液的酸度很大，样品管必须擦干净，防止腐蚀仪器），按清零时的位置和方向放入样品室，并记录显示屏上溶液的旋光度。

③ 第一个数据尽可能在离反应起始时间 1~2min 内进行记录。然后每分钟按复测键并记录旋光度一次。以后由于反应物浓度降低，反应速率变慢。这时可将每次测量的时间间隔适当放宽，一直测量到旋光度为负值。

（4）α_∞ 的测定。在测量 α_t 的同时，用两支不同移液管分别移取 25mL 蔗糖溶液、25mL 4mol/L HCl 溶液于另一个 150mL 的锥形瓶中。盖好塞子，置于 50~60℃ 的热水浴中，恒热

40min，以加速转化反应的进行，然后冷却到室温后测定旋光度，待溶液在旋光管内静置约10min 后，间隔 1min 按复测键读数，读取 5～7 个数据，求平均值。此值即为反应终了时的旋光度（水浴温度不可过高，以免产生副反应，使颜色发黄。加热过程中还应避免溶剂蒸发影响浓度）。

实验结束后，立刻将旋光管和所有用过的玻璃仪器洗净并干燥。

5. 数据处理和结果

（1）实验数据填入表 2-5-1 中。

表 2-5-1　不同反应时间体系旋光度数据及相关数据处理表

实验温度（1）_____（2）_____（3）_____平均_____

HCl 浓度_____

α_∞（1）_____（2）_____（3）_____（4）_____（5）_____平均_____

反应时间/min	α_t	α_∞	$\alpha_t - \alpha_\infty$	$\ln(\alpha_t - \alpha_\infty)$	k

（2）以 $\ln(\alpha_t - \alpha_\infty)$ 对 t 作图，由图所得直线斜率求 k 值。

（3）计算反应的半衰期 $t_{1/2}$。

6. 讨论与说明

（1）蔗糖水解在酸性介质中进行，H^+ 为催化剂，故反应是一复杂反应，反应的计算方程式显然不表示此反应的机理。本反应视为一级反应完全是实践得出的结论。

（2）速率常数 k 与催化剂的浓度有关，所以酸的浓度必须精确，以保证反应体系中 H^+ 的浓度与实验要求的相一致。

（3）温度对速率常数 k 的影响不容忽视，由于自动旋光仪只能在室温下使用，因此测量开始前、测量过程中和测量结束后，都应记录温度，取其平均值。

（4）使用旋光管时，将其在旋光仪中放正放稳，勿使其漏水或产生气泡。

7. 思考题

（1）为什么可用蒸馏水来校正旋光仪的零点？

（2）在旋光度的测量中为什么要对零点进行校正？它对本实验的测量有什么影响？

（3）为什么配制蔗糖溶液可用粗天平称量？

参考文献

[1] 许新华，王晓岗，王国平．物理化学实验．北京：化学工业出版社，2017.

[2] 郑传明，吕桂琴．物理化学实验．北京：北京理工大学出版社，2015.

[3] 张洪林，杜敏，魏西莲，姬鸿巍，孙海涛．物理化学实验．青岛：中国海洋大学出版社，2018.

[4] 李晔，韦美菊．物理化学实验（工科类专业用）．北京：化学工业出版社，2013.

实验 6　原电池电动势的测定

1. 实验目的

（1）了解可逆电池、可逆电极、盐桥的制备与使用。

（2）通过电动势数据计算电极电势和标准电极电势。

（3）掌握电位差计测量电池电动势的原理和使用方法。

2. 实验原理

电池由正负两极组成，电池在放电过程中正极发生还原反应，负极发生氧化反应，电池反应是电池中两极反应的总和。

可逆电池要求电池反应是可逆的，并且不存在任何不可逆的液体接界。此外，电池必须在可逆的情况下工作，即放电和充电过程都必须在准平衡态下进行，这时电池只有无限小的电流通过。

为了尽量减小液接电势，常采用盐桥。盐桥是正负离子迁移数比较接近的盐类溶液所构成的"桥"。用来连接会显著产生液接电势的两种液体，盐桥既分开了两种液体，又能构成通路，并降低液接电势。常用的盐类有 KCl、KNO_3、NH_4NO_3 等。本实验采用饱和 KCl 盐桥，它是将饱和 KCl 用琼脂（俗称洋菜）作黏合剂装入 U 形玻璃管中制成的，管中的物质呈凝胶状态。

在进行电动势测量时，为了使电池反应在接近热力学可逆条件下进行，可采用电位差计，以对消法原理进行测量，测量原理和使用方法见 3.8 节。

电池电动势 E 是两电极电势的代数和。当电势都以还原电势表示时，$E=\varphi_+-\varphi_-$。

以铜-锌电池为例：　　　$Zn|Zn^{2+}（a_1）\parallel Cu^{2+}（a_2）|Cu$

负极反应：　　　　　　　$Zn \longrightarrow Zn^{2+}+2e^-$

正极反应：　　　　　　　$Cu^{2+}+2e^- \longrightarrow Cu$

电池反应：　　　　　　　$Zn+Cu^{2+}(a_2) === Cu+Zn^{2+}(a_1)$

原电池电动势和参与反应各物质的活度有如下关系

$$E=E^\ominus-\frac{RT}{zF}\ln\frac{a_{Zn^{2+}}a_{Cu}}{a_{Cu^{2+}}a_{Zn}} \tag{2-6-1}$$

电极电势与活度的关系为

$$\varphi_+=\varphi_{Cu^{2+}/Cu}^\ominus-\frac{RT}{zF}\ln\frac{a_{Cu}}{a_{Cu^{2+}}} \tag{2-6-2}$$

$$\varphi_-=\varphi_{Zn^{2+}/Zn}^\ominus-\frac{RT}{zF}\ln\frac{a_{Zn}}{a_{Zn^{2+}}} \tag{2-6-3}$$

式中，$\varphi_{Cu^{2+}/Cu}^\ominus$、$\varphi_{Zn^{2+}/Zn}^\ominus$ 分别代表铜、锌电极与活度为 1 的 Cu^{2+}、Zn^{2+} 达平衡时的电极电势。某标准电极与标准氢电极比较所得的值称为该电极的标准电极电势。25℃时铜、锌电极的标准还原电极电势为：$\varphi_{Cu^{2+}/Cu}^\ominus=0.3402V$，$\varphi_{Zn^{2+}/Zn}^\ominus=-0.7628V$。

由于氢电极制备及使用不方便等缺点，一般常用一些制备工艺简单、电势稳定和使用方便的电极作为参比电极来代替氢电极。常用的有甘汞电极和氯化银电极等，这些电极与标准氢电极比较而得到的电势已精确测定。本实验用饱和甘汞电极作参比电极，分别与锌电极、铜电极等组成可逆电池，测量其电动势，由此可求得铜、锌的电极电势。

3. 仪器装置与试剂

UJ-25 型电位差计（包括直流稳压电源、分流器、补偿电位计；标准电池、检流计各 1 台）；饱和甘汞电极 1 支；试管架 1 个；试管 5 支；锌电极 2 个；铜电极 2 个；饱和 KCl 盐桥、饱和 KCl 溶液。

0.1000mol/L $ZnSO_4$，0.1000mol/L $CuSO_4$；0.01000mol/L $ZnSO_4$，0.01000mol/L $CuSO_4$。

4. 实验步骤

（1）处理电极。用砂纸将锌、铜电极表面打磨光滑，然后用自来水冲洗，用滤纸擦干，再用酒精棉球擦拭表面以除油污，待干后插入相应的金属盐溶液中（若在后面的测量中时间较长，应重新处理电极）。

（2）组装电池。将装有饱和 KCl 溶液的半电池管与装有金属电极的半电池管用盐桥连接（盐桥使用前要确保无气泡且电解质没有缺失），并在饱和 KCl 溶液中插入甘汞电极（甘汞电极下端的橡皮套取下放入盒内，实验完毕再套上）。

（3）连接线路。仔细阅读 UJ-25 型电位差计的使用方法和注意事项（见 3.8 节）。甲电池（工作电源）串联成 3V 电源，供电位差计使用。标准电池使用时不可倾倒，正负极不可接反。标准电池只用于标准化，不可作为电源使用，测量时间必须短暂，间歇式按键（一按即起），以免电流过大损坏电池。检流计使用时置于"220V/×0.1 档"，实验结束后置"6V/短路"档。电位差计使用时，首先读取室温，根据 20℃时标准电池电动势值（1.01845V），查附录 3 附表 3-7，对温度进行校正，计算室温下标准电池电动势值，并将小数点最后两位数值设于电位差计上。标准化时，测量按钮置于"N"档，先粗调至检流计光标基本不动，再细调，直至检流计指针不动为止，注意用间歇式按键调节。测量未知电池时，测量按钮置于"X_1"或"X_2"档，同样用间歇式按键，先粗调后细调，直至光标不动为止，记录相应的电动势数值。

（4）测量电动势。分别测定下列电池的电动势：

① $Zn|ZnSO_4$（0.01000mol/L）‖ KCl（饱和）|甘汞电极；

② $Zn|ZnSO_4$（0.1000mol/L）‖ KCl（饱和）|甘汞电极；

③ 甘汞电极|KCl（饱和）‖ $CuSO_4$（0.01000mol/L）|Cu；

④ 甘汞电极|KCl（饱和）‖ $CuSO_4$（0.1000mol/L）|Cu；

⑤ $Zn|ZnSO_4$（0.01000mol/L）‖ $CuSO_4$（0.01000mol/L）|Cu；

⑥ $Zn|ZnSO_4$（0.1000mol/L）‖ $CuSO_4$（0.1000mol/L）|Cu；

⑦ $Zn|ZnSO_4$（0.01000mol/L）‖ $ZnSO_4$（0.1000mol/L）|Zn；

⑧ $Cu|CuSO_4$（0.01000mol/L）‖ $CuSO_4$（0.1000mol/L）|Cu。

5. 数据处理和结果

（1）列出上述电池电动势测量值、室温和大气压。

（2）由下列饱和甘汞电极的 $\varphi_{甘}$ 与温度 t 的关系式、标准态下锌、铜电极的温度系数等数据，计算当天温度下饱和甘汞电极、锌、铜电极的标准电极电势的数值。已知：$\varphi_{Zn^{2+}/Zn}^{\ominus}$=-0.7628V（25℃）；$\varphi_{Cu^{2+}/Cu}^{\ominus}$=0.3402V（25℃）

$$\varphi_{甘}=[0.2412-6.61\times10^{-4}(t-25)]V \tag{2-6-4}$$

$$\left(\frac{\partial \varphi^{\ominus}}{\partial T}\right)_{Zn}=0.1\times10^{-3}\text{ V/K} \qquad (2\text{-}6\text{-}5)$$

$$\left(\frac{\partial \varphi^{\ominus}}{\partial T}\right)_{Cu}=0.01\times10^{-3}\text{V/K} \qquad (2\text{-}6\text{-}6)$$

（3）利用下列的 $\gamma_\pm$，已得出的 φ_H 值及 E 测量值，计算前四个电池中锌、铜电极在当天温度下的标准电极电势，并与"（2）"计算出的标准电极电势值进行比较。离子平均活度系数 $\gamma_\pm$ 见表 2-6-1。

表 2-6-1   ZnSO₄、CuSO₄ 溶液离子平均活度系数 $\gamma_\pm$（25℃）

项目	0.01000mol/L	0.1000mol/L
$\gamma_\pm$（ZnSO₄）	0.387	0.150
$\gamma_\pm$（CuSO₄）	0.400	0.160

（4）用"（2）"计算出的铜、锌标准电极电势值及 $\gamma_\pm$，计算电池的电动势 E，与 E 测量值相比较。

6. 思考题

（1）为什么测量电池电动势需要用对消法？其原理是什么？
（2）标准电池的构造以及使用时应注意什么？
（3）在测量过程中，若检流计光点总是往一个方向偏转，可能是什么原因？
（4）盐桥的选择原则和作用是什么？

参考文献

傅献彩，沈文霞，姚天扬. 物理化学（下册）. 北京：高等教育出版社，1990.

拓展阅读

科学家处理数据的方法——如何获得定量公式

实验 7   溶液表面张力的测定

1. 实验目的

（1）掌握全自动表面张力仪的一般原理及使用方法。测定不同浓度正丁醇溶液的表面张力。
（2）了解溶液表面的吸附作用及吉布斯吸附等温式和朗格谬尔吸附等温式，了解表面张力与吸附作用的关系。
（3）通过实验绘出正丁醇溶液吸附等温线并求出吸附层厚度及分子截面积。

2. 实验原理

研究气-液表面活性物质的吸附作用时，可用吉布斯（Gibbs）吸附方程描述。在指定的温度和压力下

$$\Gamma=-\frac{c}{RT}\left(\frac{\mathrm{d}\sigma}{\mathrm{d}c}\right)_T \qquad (2\text{-}7\text{-}1)$$

式中，Γ 为溶质被单位表面层所吸附的量，又称表面过剩量，即溶质的表面浓度与主体浓度之差，mol/m²；σ 为溶液的表面张力，mN/m 或 J/m²；c 为吸附达到平衡时溶质在溶剂中的浓度，mol/L；T 为实验进行时的热力学温度，K；R 为气体常数，其值为 8.314J/（mol·K）。

当 $\left(\dfrac{\mathrm{d}\sigma}{\mathrm{d}c}\right)_T < 0$ 时，$\Gamma > 0$ 称为正吸附；$\left(\dfrac{\mathrm{d}\sigma}{\mathrm{d}c}\right)_T > 0$ 时，$\Gamma < 0$ 称为负吸附。吉布斯吸附等温式应用范围非常广泛，但上述形式仅适用于稀溶液。

能够显著降低液体表面张力的物质叫表面活性物质，表面活性物质具有显著的不对称结构，它们由亲水的极性基团和憎水的非极性基团构成，正丁醇就属于这一类化合物，它们在水溶液中的浓度不同，则在水溶液表面的排列情况就不同，如图 2-7-1 所示。图 2-7-1（a）和（b）是不饱和吸附时溶液界面层分子的排列，（c）是饱和吸附时溶液界面层分子的排列。

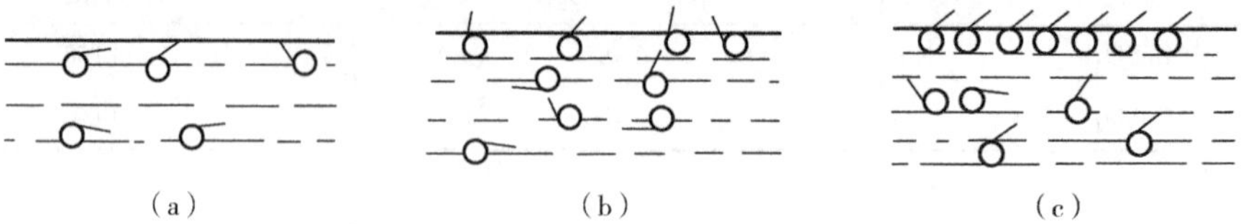

图 2-7-1　被吸附分子在界面上的排列

当界面上被吸附分子的浓度增大时，它的排列方式也在改变，当浓度足够大时，被吸附分子占满所有界面的位置，形成饱和吸附层。这样的吸附层是单分子层，随着表面活性物质的分子在界面上的紧密排列，此界面的表面张力逐渐减小。如果在恒温下绘成曲线 $\sigma = f(c)$ 为表面张力等温线，当 c 增加时，σ 开始时显著下降，而后下降逐渐缓慢，以至 σ 的变化很小，最后 σ 的数值恒定为某一常数（见图 2-7-2）。利用图解法可以十分方便地进行计算求出表面过剩量，如图 2-7-2 所示，经过 a 作切线交纵轴于 b，过切点 a 作平行于横坐标的直线，交纵坐标于 b' 点。以 Z 表示切线和平行线在纵坐标上截距间的距离，显然

$$\left(\frac{\mathrm{d}\sigma}{\mathrm{d}c}\right)_T = -\frac{Z}{c} \tag{2-7-2}$$

$$Z = -\left(\frac{\mathrm{d}\sigma}{\mathrm{d}c}\right)_T c \tag{2-7-3}$$

代入式（2-7-1）

$$\Gamma = -\frac{c}{RT}\left(\frac{\mathrm{d}\sigma}{\mathrm{d}c}\right)_T = \frac{Z}{RT} \tag{2-7-4}$$

以不同的浓度对应其相应的 Γ 可做出曲线 $\Gamma = f(c)$，称为吸附等温线，如图 2-7-3 所示。

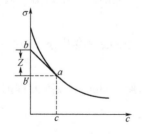

图 2-7-2　表面张力和浓度关系

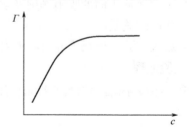

图 2-7-3　吸附等温线

液体或固体表面单分子吸附时，可用朗格谬尔(Langmuir)吸附等温式表示

$$\Gamma = \Gamma_\infty \frac{bc}{1+bc} \tag{2-7-5}$$

Γ_∞（mol/cm^2）为饱和吸附量，即表面被吸附质分子铺满一层时的 Γ；b(L/mol)为常数，与溶质的表面活性大小有关，将式（2-7-5）取倒数可得下式

$$\frac{c}{\Gamma} = \frac{bc+1}{b\Gamma_\infty} = \frac{c}{\Gamma_\infty} + \frac{1}{b\Gamma_\infty} \tag{2-7-6}$$

以 $\frac{c}{\Gamma}$ 对 c 作图，得一直线，该直线的斜率为 $\frac{1}{\Gamma_\infty}$，截距为 $\frac{1}{b\Gamma_\infty}$，进而可求得 Γ_∞ 和 b，由所求得的 Γ_∞ 代入式（2-7-7）可求得被吸附分子的截面积

$$A_0 = \frac{1}{\Gamma_\infty N_A} \tag{2-7-7}$$

式中，N_A 为阿伏伽德罗常数，mol^{-1}。

若已知溶质的密度 ρ（g/cm^3）、摩尔质量 M（g/mol），就可计算出吸附层厚度 δ

$$\delta = \frac{\Gamma_\infty M}{\rho} \tag{2-7-8}$$

本实验采用吊片法测定溶液的表面张力。吊片法又称 Wilhelmy 吊片法，此法是将一长度为 l、厚度为 d 的薄吊片（常用铂片、云母、玻璃等）悬吊在天平一臂上，使其底边与液面平行，测定吊片底边刚与液面接触时所受的拉力 F。如图 2-7-4 所示。拉力 F 应等于平衡时沿吊片周边作用的液体表面张力。

$$F = W_{总} - W_{吊板} = 2(l+\mathrm{d}l)\sigma\cos\theta \tag{2-7-9}$$

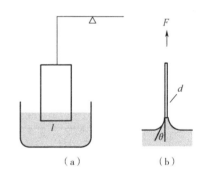

然而准确测定接触角 θ 并非易事。通常将表面打毛以增加对液体的润湿性，使液体的接触角尽可能为零。另外因为选择很薄的吊片，厚度 d 相对于长度 l 可忽略不计。所以式（2-7-9）简化之后可获得表面张力：

图 2-7-4　吊片法示意图

$$\sigma = \frac{F}{2l} \tag{2-7-10}$$

当润湿角为零时，吊片法无需任何校正。吊片法具有全平衡的特点，不需要密度数据，不必将吊片拉离液面，而是只要将片与液面接触即可。该法精度高、重复性稳定性好，是商用表面张力仪所采用的经典方法。该法不仅可以测量液体的表面张力，也可以用于测定液-液界面张力。

3. 仪器装置与试剂

QBZY 系列全自动表面张力仪 1 台（图 2-7-5）；样品杯 8 个；100mL 容量瓶 7 个，25mL 吸量管 1 支，5mL 吸量管 1 支，100mL 取液杯 1 个；洗瓶、滤纸。

1mol/L 正丁醇溶液；纯水。

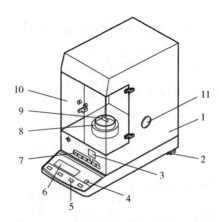

图 2-7-5　QBZY 全自动表面张力仪结构

1—表面张力仪主机；2—水平调整脚；3—设定值显示；4—水平仪；5—开/关、去皮、校准、模式键；

6—液晶显示屏；7—主要控制按键：自动/手动、向上、向下、停止、设定值调整、控制按键；

8—自动升降样品台；9—挂钩及铂金板；10—有机玻璃门；11—恒温水管孔

4. 实验步骤

（1）各组分工合作配制溶液。用 1mol/L 正丁醇溶液在 100mL 容量瓶中分别配制浓度为 0.01、0.02、0.05、0.1、0.2、0.3、0.4mol/L 的正丁醇溶液（先计算 1mol/L 正丁醇溶液加入量填入表 2-7-1）。

表 2-7-1　正丁醇溶液配制

配制浓度/（mol/L）	0.01	0.02	0.05	0.1	0.2	0.3	0.4
1mol/L 正丁醇溶液加入量/mL							

（2）测量纯水（去离子水）的表面张力。

① 打开仪器。将表面张力仪放在平稳不受振动的地方，观察水平仪 4，若不水平，调节水平调整脚 2 将仪器调至水平状态。接通表面张力仪电源，挂上吊钩及铂金板，并按动"开/关"键，预热 30min。

② 校准仪器。挂上铂金板，稳定之后按"去皮"键。显示屏显示"0.0"时按"校准"键。出现"CAL"时挂上校准砝码，关上玻璃门。待"滴"的一声响起，校准完成。

③ 清洗铂金板并挂上。（a）水洗铂金板。用镊子夹取铂金板，并用流水冲洗，冲洗时应注意与水流保持一定的角度，原则为尽量做到让水流洗干净板的表面且不让水流使板变形。（b）用酒精灯烧铂金板去除有机物和水。一般让铂金板与水平面成 45°角，烧至铂金板变红为止，时间为 15～25s。（c）在空气中停留 10～15s 冷却至室温。挂上铂金板并关好玻璃门。

④ 在干净的样品皿中加入测量液体纯水，将被测样品放于样品台上。放之前请一定目测一下铂金板挂的高度。若铂金板可能浸入样品中时，请将按下"向下"按键，将样品台下降。

⑤ 观察液晶屏显示值是否是零。若不是零，则按"去皮"键。

⑥ 观察"手动/自动"按键处指示灯：若指示灯亮，则处于自动状态；若指示灯是暗的，

则处于手动状态，请按"自动/手动"键，将表面张力仪调至自动状态。处于自动状态时，上升期间铂金板遇到被测试样，且表面张力值达到修正值设定的数字（比如 5mN），升降平台会自动停下；下降时则会过 15s 以后自动停下（再按下降键时会再过 15s 自动停下）。处于手动状态时，上升期间与自动状态一样，而下降时则一直降到最低点才停下。

⑦ 按"向上"键自动测试表面张力，待显示屏数值稳定后即可读取液晶显示屏上的表面张力值。本仪器感测到的是动态表面张力值。若样品是纯净物，则表面张力值将会稳定。

⑧ 重复测量。按"向下"键，表面张力仪升降台逐渐下降。铂金板脱离被测样品后，可先按"停止"键，然后再重新按"向上"键进行测量。注意重复性测量时不要按"去皮"键。共测量 3 次纯水的表面张力。

⑨按"向下"键完成测量过程。

（3）测量 0.01～0.4mol/L 正丁醇溶液的表面张力。重复（2）中②～⑨步骤，测量不同浓度正丁醇溶液的表面张力（注意测量顺序应从稀到浓）。

5. 注意事项和说明

（1）测量时勿使铂金板变形。

（2）用镊子夹取铂金板时，请勿离开实验台面。以防止镊子夹取不稳，使铂金板从高处坠落变形。

（3）重复性测量时，不用管表面张力仪显示的残留数值，即不要做去皮操作。

（4）实验对清洁度的要求很高，请保证样品皿、铂金板、双手的洁净。

（5）测量不同浓度的溶液时应按照从稀到浓的顺序依次测量。

（6）整个实验过程中温度不应有较大变化。

（7）样品皿装入液体不要太满，60%～80%即可。

6. 数据处理和结果

（1）记录实验数据，如表 2-7-2 所示。

表 2-7-2 不同浓度下正丁醇溶液表面张力

实验温度＿＿＿＿℃；大气压＿＿＿＿kPa；正丁醇摩尔质量＿＿＿＿；正丁醇密度＿＿＿＿

正丁醇浓度/（mol/L）	表面张力 σ/（mN/m）

（2）作 $\sigma\text{-}c$ 图，在 $\sigma\text{-}c$ 图上任取若干点（5 个以上），分别作切线，求得其 Z 值。斜率变化较大的地方，切线可作得密些。

（3）由式（2-7-4）求出各浓度下的吸附量 Γ 值，并求出 $\dfrac{c}{\Gamma}$ 值。

（4）作 $\Gamma\text{-}c$ 图，得 Gibbs 吸附等温线。Z 值及吸附量计算结果如表 2-7-3 所示。

表 2-7-3　*Z* 值及吸附量计算结果

正丁醇浓度 c/（mol/L）	Z 值/（mN/m）	吸附量 Γ/（mol/cm²）	$\dfrac{c}{\Gamma}$/（cm²/L）

（5）作 $\dfrac{c}{\Gamma}$-c 图，得一直线，由直线斜率及截距求出 Γ_∞ 和 b，得 Langmuir 吸附等温式。

（6）计算表面层每个分子的截面积 A_0 和单分子层的厚度 δ。

7. 思考题

（1）测定正丁醇溶液表面张力之前是否要测量水的表面张力？为什么？

（2）温度对表面张力有何影响？为什么？

（3）本实验中，影响表面张力测定的因素有哪些？如何减小以至消除它们的影响？

参考文献

[1] 傅献彩，沈文霞等. 物理化学. 第 5 版. 北京：高等教育出版社，2005.

[2] 物理化学实验编写组. 北京科技大学物理化学实验讲义. 第 4 版. 北京：北京科技大学印刷厂，2010.

[3] 顾月姝.基础化学实验——物理化学实验. 第 2 版. 北京：化学工业出版社，2007.

[4] 北京大学物理化学教研室. 物理化学实验. 北京：北京大学出版社，1997.

[5] 江龙，胶体化学概论. 北京：科学出版社，2002.

[6] 崔正刚. 表面活性剂、胶体与界面化学基础. 北京：化学工业出版社，2013.

实验 8　憎液溶胶的制备与溶胶的聚沉作用

1. 实验目的

（1）制备几种憎液溶胶。

（2）测定电解质溶液对氢氧化铁溶胶的聚沉值。

（3）了解电解质对憎液溶胶稳定性的影响。

2. 实验原理

胶体溶液是大小在 1～100nm 之间的质点（称为分散相）分散在介质（称为分散介质）中形成的体系。分散相和分散介质都可以分别属于液态、固态和气态中的任何一种状态。分散介质为液态或气态的胶体体系能流动，外观类似普通的真溶液，通常称为溶胶。分散介质不能流动的胶体，则称为凝胶。

许多天然高分子物质能自动和水形成溶胶，通称为亲液溶胶或高分子溶液，它是热力学稳定体系。一般所指的溶胶是由难溶物分散在分散介质中所形成的憎液溶胶，其中的粒子都是由很大数目的分子构成的。这种系统具有很大的相界面，很高的表面 Gibbs 自由能，很不稳定，极易被破坏而聚沉，聚沉之后往往不能恢复原态，因而是热力学中的不稳定和不可逆系统。憎液溶胶要稳定存在，需具有动力稳定性和聚结稳定性。动力稳定性是由于分散相的粒子大小在 1～100nm 之间，不会因重力作用而很快沉降，一般都能在较长时间内存在。聚结稳定性是指粒子与粒子不会碰撞而合并到一起。它是由于分散相粒子吸附某些离子后带电。而各胶粒带同种电荷相斥，因而获得聚结稳定性。因此制备溶胶的要点是设法使分散相物质通过分散或凝聚的方法使其粒度正好落在 1～100nm 之间，并加入一定量合适的电解质稳定剂，使分散相粒子带电。

溶胶的制备方法可分为两大类：一类是分散法制溶胶，即把较大的物质颗粒变为小颗粒，从而得到溶胶；另一类是凝聚法制溶胶，即把物质的分子或离子聚合成较小颗粒，从而得到溶胶。

分散法中有：

（1）借助于研磨或胶体磨等的机械分散法。

（2）借助于电弧放电的电力分散（在此过程中一般为分散与凝聚的接续）。

（3）在液体中，借助于超声波的振荡达到分散的目的。

（4）胶溶法，把暂时聚集在一起的胶体粒子重新分散成溶胶。

凝聚法中有：

（1）借冷却或更换溶剂使成不溶解状态。

（2）在溶液中进行化学反应，生成一不溶解的物质。

在实验室中一般采用凝聚法制备胶体溶液；分散法中除胶溶法、超声分散及某些特殊情况外，使用较少。

为了阻止在制备过程中已具有胶体大小的粒子再凝聚，以及防止在制备后的溶胶中的聚集作用，则有必要在已有的两种组分（分散相与分散介质）中加入第三组分，称为稳定剂，它的作用是能阻止晶核的成长及使已经分散粒子的聚集过程得以阻止或延缓。

憎液溶胶在各种不同制备方法中，皆需要一定数量不同性质的稳定剂，有的是在反应时另外加入的，也有是原先已加入的反应物自身，有的是反应的一种产物。

胶溶法为分散法中的一种特殊方法，通常并不发生体系比表面的改变，而是将已具有胶体分散度的粒子所组成的松软沉淀或凝胶，借加入的稳定剂吸附在粒子表面，或借某种方法除去适量的引起此种沉淀作用的电解质，即可将此沉淀或凝胶转化为溶胶体，但在其间并未发生分散度的改变。

溶胶之所以具有对聚集作用的稳定性，是因为每个胶粒周围具有电荷与溶剂化层的缘故。憎液溶胶的稳定性主要决定于胶粒表面电荷的多少，亲液溶胶的稳定性主要决定于胶粒表面溶剂化程度。

既然憎液溶胶的稳定性是由于胶粒电荷的存在，因此当加入一种电解质时，与胶粒表面带相反电荷的离子，就能降低溶胶的稳定性，促使此溶胶发生聚集作用，最后导致聚集成大粒的沉淀。对于溶胶的聚沉能力，随电解质的不同而异，主要决定于与溶胶电荷相反离子的价数，价数高，聚沉效率就增加，同价离子的聚沉效率也有一定的差别。

使一定量的溶胶在一定时间内产生完全沉淀所需电解质的最小浓度，称为该电解质对此溶胶的聚沉值；聚沉值随实验条件而异（如溶胶的浓度、制备法、加入电解质的方法、静置的时间……），是一有条件的指示数，因此必须依照一定的实验规程进行测定。

混合两种带相反电荷但不互相起化学作用的溶胶，则当二者在一定比例范围时，就可以发生聚集，小于或大于此比例范围都不发生聚集，或仅仅发生部分聚集作用。

3. 仪器装置与试剂

离心机 1 台；电炉 1 个；烧杯；量筒（量杯）；吸量管；试管；搅拌棒；丁达尔实验箱或手电筒。

0.01mol/L、0.1mol/L AgNO$_3$；0.01mol/L、0.1mol/L KI；1mol/L (NH$_4$)$_2$CO$_3$；2% FeCl$_3$、0.3mol/L FeCl$_3$；0.01mol/L Na$_2$SO$_4$；4mol/L NaCl；去离子水。

4. 实验步骤

（1）制备氢氧化铁溶胶。

① 在 250mL 清洁烧杯中加入 160mL 去离子水，加热至沸腾。移去灯火，量取 10mL 2%FeCl$_3$ 溶液直接加入沸水中，并不断搅拌。微微煮沸后，即可获得红棕色的氢氧化铁正胶（冷却后颜色无变化），观察丁铎尔现象。

② 量取 10mL 0.3mol/L FeCl$_3$ 溶液放入 100mL 烧杯中，在强力搅拌下逐滴加入 1mol/L (NH$_4$)$_2$CO$_3$ 溶液，直至开始产生沉淀为止；再向其中加入几滴 0.3mol/L FeCl$_3$ 溶液，充分搅拌后，沉淀复行溶解，即可获得红棕色的氢氧化铁负胶。

（2）制备碘化银溶胶。

① 移取 2mL 0.1mol/L KI 溶液，放入装有 20mL 去离子水的 100mL 烧杯中，在强力搅拌下逐滴加入 10mL 0.01mol/L AgNO$_3$ 溶液。

② 另取一个 100mL 烧杯，以 AgNO$_3$ 替换 KI，KI 替换 AgNO$_3$ 重复上个步骤。

③ 观察①、②法所得溶胶的丁铎尔现象及散射光、透射光。

④ 将①、②法所得溶胶混合，观察丁铎尔现象及散射光、透射光。

（3）SO$_4^{2-}$、Cl$^-$对氢氧化铁溶胶之凝聚作用。

① 在 6 个干净的试管中将 0.01mol/L Na$_2$SO$_4$ 与去离子水按表 2-8-1 比例配成不同浓度的 Na$_2$SO$_4$ 溶液。

表 2-8-1　不同浓度的 Na$_2$SO$_4$ 溶液配制表

试管号	1	2	3	4	5	6
0.01mol/L Na$_2$SO$_4$ 溶液体积/mL	0	1	2	3	4	5
去离子水体积/mL	5	4	3	2	1	0

② 各取 4mL 氢氧化铁溶胶于另 6 个干净的试管中，在每个试管中各加去离子水 1mL，并振摇均匀。

③ 将已振摇均匀之不同浓度的电解质溶液与溶胶混合，即将①、②混合（来回倒 2 次，以混合均匀），然后将此 6 个试管置于离心机中进行沉淀分离，3min 后观察哪个试管底部有沉淀产生？

④ 为了要得到更准确的聚沉值，可在聚沉浓度附近做一系列实验，例如，假如上述实验有如表 2-8-2 所示情况，则再将 0.01mol/L Na$_2$SO$_4$ 溶液稀释成一系列稀溶液，使其浓度介于试管 3 和 4 之间，如表 2-8-3 所示。

表 2-8-2　不同浓度的 Na_2SO_4 溶液聚沉氢氧化铁

溶胶试管号	1	2	3	4	5	6
沉淀现象	无	无	无	有	有	有

表 2-8-3　试管 3 和 4 之间不同浓度的 Na_2SO_4 溶液聚沉氢氧化铁溶胶

试管号	1	2	3	4	5	6	7	8	9
0.01mol/L Na_2SO_4 溶液体积/mL	2.1	2.2	2.3	2.4	2.5	2.6	2.7	2.8	2.9
去离子水/mL	2.9	2.8	2.7	2.6	2.5	2.4	2.3	2.2	2.1

同法进行实验，观察结果后（可再如同上法，再次稀释 0.01mol/L Na_2SO_4 溶液进行实验，本实验可不再稀释），以求得 Na_2SO_4 对氢氧化铁溶胶聚沉最低的准确值。

⑤ 同上法，以 4mol/L NaCl 溶液替换 0.01mol/L Na_2SO_4 溶液进行实验（只做粗略聚沉值，不必再次细分）。

5. 注意事项和说明

（1）本实验所用溶液较多，实验过程中注意不要用错。一旦用错，必须重做。所有吸量管要按标签专管专用。

（2）加热板已设定好，烧杯外壁不要有水，并注意防止烫伤。

（3）离心机的试管摆放一定要对称平衡，中速离心运转，一般 2～3min 停止。

（4）由于溶液颜色较深，氢氧化铁负胶可以向其中加一倍左右的去离子水后观察丁达尔现象；对于氢氧化铁正胶，可以在聚沉实验结束后，向聚沉实验剩余的氢氧化铁正胶里面加入去离子水后再观察丁达尔现象。

（5）实验结束后，认真清洗烧杯、试管和吸量管，试管要倒扣于试管架。

6. 数据处理和结果

（1）写出制备氢氧化铁溶胶的化学反应式，并记录观察到的现象（包括颜色、透明程度、有无丁铎尔现象等）。

（2）写出碘化银溶胶胶团结构式，并记录观察到的现象。

（3）本实验中制备的 $Fe(OH)_3$ 正、负溶胶用的是什么方法？

（4）列表记录 SO_4^{2-}、Cl^- 对氢氧化铁溶胶的聚沉现象。

（5）计算 SO_4^{2-}、Cl^- 对氢氧化铁溶胶的聚沉现值，并比较聚沉能力。

7. 思考题

（1）溶胶的稳定性决定于什么？

（2）电解质何以会使溶胶聚沉？何谓聚沉值？

（3）亲液溶胶和憎液溶胶的区别是什么？

（4）影响亲液溶胶和憎液溶胶稳定性的因素有哪些？

参考文献

[1] 傅献彩，沈文霞等. 物理化学. 第 5 版. 北京：高等教育出版社，2005.

[2] 朱步瑶. 界面化学基础. 北京：化学工业出版社，2002.

[3] 物理化学实验编写组. 北京科技大学物理化学实验讲义. 第 4 版. 北京：北京科技大学印刷厂，2010.

[4] 北京大学物理化学教研室. 物理化学实验. 北京：北京大学出版社，1997.

附：相关的化学反应式

（1）氢氧化铁正胶的形成：

$$FeCl_3 + 3H_2O \underset{\triangle}{\rightleftharpoons} Fe(OH)_3 \downarrow + 3HCl$$

$$Fe(OH)_3 + 3HCl \Longrightarrow FeOCl + 2H_2O$$

$$FeOCl \Longrightarrow FeO^+ + Cl^-$$

$Fe(OH)_3 \downarrow$ 优先吸附 FeO^+ 形成正胶。

（2）氢氧化铁负胶的形成：

$$FeCl_3 + 3(NH_4)_2CO_3 + 3H_2O \Longrightarrow Fe(OH)_3 \downarrow + 3CO_2 + 6NH_4Cl$$

$$FeCl_3 + Cl^- \longrightarrow FeCl_4^-$$

$$FeCl_3 + 2Cl^- \longrightarrow FeCl_5^{2-}$$

$$FeCl_3 + 3Cl^- \longrightarrow FeCl_6^{3-}$$

$Fe(OH)_3 \downarrow$ 优先吸附 $FeCl_4^-$、$FeCl_5^{2-}$、$FeCl_6^{3-}$ 形成负胶。

 综合设计实验

拓展阅读

清洁燃料——乙醇

实验 9　乙醇物性测定

1. 实验目的

（1）掌握比重瓶法测定液体密度的方法。

（2）掌握奥氏黏度计测定液体黏度的方法。

（3）理解偏摩尔量的物理意义，用比重瓶测定乙醇-水溶液密度，并求出一定浓度下各组分的偏摩尔体积。

2. 实验原理

（1）密度。密度定义为单位体积的质量。用字母 ρ 表示，其单位为 kg/m^3。

物质的密度与其本性有关，且受外界条件（如温度、压力）的影响而变化。压力对固体及液体密度的影响一般情况下可以忽略不计，但温度对密度的影响不能忽略。所以，在表示密度时，应同时标明温度。

物质的密度与某种参考物质密度的比值称为相对密度，在一定条件下，可以通过参考物质的密度，将相对密度换算成密度。

用比重瓶法测定液体密度时可用下式计算：

$$\rho = \frac{m_1 - m_0}{m_2 - m_0} \times \rho_2 \tag{2-9-1}$$

式中，m_0 为比重瓶质量；m_1 为待测液体质量与比重瓶质量之和；m_2 为标准液体质量与比重瓶质量之和；ρ_2 为标准液体密度。

可以通过密度的测定来鉴定化合物的纯度，也可以通过密度的测定区别密度不同而组成相似的化合物。

（2）黏度。相邻液层以不同速度运动时所存在的内摩擦力用液体黏度来度量。对于牛顿流体实验室常用玻璃毛细管黏度计测量其黏度。

液体的黏度，一般用黏度系数（俗称黏度）η 表示，单位是 Pa·s，其物理意义是，单位液层以单位速度流过相隔单位距离的固定液层所受的内摩擦力。若液体在管中流动，则可用下式计算

$$\eta=\frac{\pi r^4 pt}{8Vl} \tag{2-9-2}$$

式中，V 为在时间 t 内流经毛细管的液体体积；p 为管两端的压力差；r 为毛细管半径；l 为毛细管长度。

由于 p 的测定十分复杂，且毛细管内径不够均匀，r 不易测准，因此通过上式测定液体绝对黏度非常困难。一般可以通过测定液体对标准液（本实验为水）的相对黏度来实现。

当两种液体在自身重力作用下，分别流经同一支黏度计的毛细管且流过的液体体积相等时，待测液体黏度 η_1 和标准液体黏度 η_2 分别为

$$\eta_1=\frac{\pi r^4 p_1 t_1}{8Vl} \qquad \eta_2=\frac{\pi r^4 p_2 t_2}{8Vl} \tag{2-9-3}$$

由于黏度计毛细管直径 r 相等，流经液体的体积 V 也相等，因此得到

$$\frac{\eta_1}{\eta_2}=\frac{p_1 t_1}{p_2 t_2} \tag{2-9-4}$$

式中，$p=hg\rho$，h 为推动液体流动的液位差，ρ 为液体密度，g 为重力加速度。因此得出

$$\frac{\eta_1}{\eta_2}=\frac{\rho_1 t_1}{\rho_2 t_2}$$

$$\eta_1=\frac{\rho_1 t_1}{\rho_2 t_2}\eta_2 \tag{2-9-5}$$

（3）溶液偏摩尔体积。对于 A、B 二组元体系，偏摩尔体积可以理解为 1mol 物质 A 在一定温度、压力下对一定浓度溶液总体积的贡献，定义为

$$V_{Am}=\left(\frac{\partial V}{\partial n_A}\right)_{T,\,p,\,n_B} \tag{2-9-6}$$

$$V_{Bm}=\left(\frac{\partial V}{\partial n_B}\right)_{T,\,p,\,n_A} \tag{2-9-7}$$

体系总体积

$$V=n_A V_{Am}+n_B V_{Bm} \tag{2-9-8}$$

3. 仪器装置与试剂

恒温设备 1 套；10mL 比重瓶 1 个，50mL 烧杯 2 个，奥氏黏度计 1 支，分析天平 1 台，

秒表 1 只，10mL 移液管 2 支，洗耳球 1 个；50mL 具塞磨口锥形瓶 4 个。

去离子水，无水乙醇。

4. 实验步骤

（1）乙醇黏度测定。根据所测溶液黏度的大小可选用不同的黏度计。本实验选用奥氏黏度计，适用于测定低黏度液体的相对黏度，其结构如图 2-9-1 所示，其中 A 为盛液球，B 为毛细管，a、b 分别为确定体积的上下刻度线。

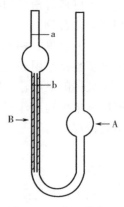

① 将去离子水及无水乙醇放入（25.0 ± 0.1）℃恒温槽恒温 10min。

② 将黏度计洗净干燥（实验前准备好）。

③ 用移液管吸取 10.00mL 无水乙醇放入黏度计盛液球 A 中。

④ 用洗耳球从 A 侧管口慢慢将溶液压过刻度 a（切勿将溶液吹出黏度计）。保持黏度计垂直，放开洗耳球，当溶液流至刻度 a 时立即开启秒表，流至刻度 b 时立即停止秒表，记录流经时间 t_1，重复测量 3 次（不必更换溶液）。

图 2-9-1　奥氏黏度计

⑤ 将乙醇倒出，小心甩干余下的液体，并干燥。

⑥ 将干燥的黏度计，加入 10.00mL、25℃去离子水，重复步骤③、④，测定蒸馏水的流经时间 t_2。

（2）乙醇密度测定。

① 调节恒温水浴温度为（25.0 ± 0.1）℃。

② 将比重瓶（见图 2-9-2）洗净干燥，在分析天平上称重为 m_0。然后向瓶中加满无水乙醇，盖上瓶塞，让瓶内液体从毛细管口溢出（瓶内及毛细管中均不能有气泡存在），然后将密度瓶放入小烧杯中，向烧杯中加水至瓶颈以下，放入恒温槽恒温 10min。将比重瓶从恒温槽中取出（只可拿瓶颈处），迅速用滤纸吸去毛细管口及外壁的液体，准确称量得 m_1，平行测量两次。

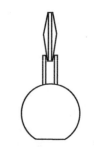

③ 将比重瓶干燥，向瓶中加满去离子水（注意必须使用同一套比重瓶），按照②中的方法恒温并称量得 m_2。

图 2-9-2　比重瓶

（3）乙醇溶液偏摩尔体积测定（设计）。

① 设计要求。

a.根据偏摩尔体积的定义，设计一个通过测量乙醇溶液密度确定偏摩尔体积的方法；

b.确定实验方案，写出实验步骤，列出实验仪器、试剂、用品；

c.设计实验数据记录表；

d.列出参考文献。

② 设计提示。将式（2-9-8）两边同除以溶液质量 W

$$\frac{V}{W} = \frac{W_A}{M_A} \times \frac{V_{Am}}{W} + \frac{W_B}{M_B} \times \frac{V_{Bm}}{W} \qquad (2\text{-}9\text{-}9)$$

式中，W_A、W_B、M_A、M_B 分别为物质 A、B 的质量和摩尔质量。如果令

$$\frac{V}{W} = \alpha, \quad \frac{V_{Am}}{M_A} = \alpha_A, \quad \frac{V_{Bm}}{M_B} = \alpha_B \qquad (2\text{-}9\text{-}10)$$

α 是溶液的比容（即密度的倒数），将式（2-9-10）代入式（2-9-9），则有

$$\alpha=W_A\%\alpha_A+W_B\%\alpha_B=（1-W_B\%）\alpha_A+W_B\%\alpha_B \qquad (2\text{-}9\text{-}11)$$

图 2-9-3 为溶液的比容 α 与质量分数 $W_B\%$ 的关系图。过已知点 M 作切线，由式（2-9-11）和图 2-9-3 可以看出，切线斜率即为

$$\frac{\partial \alpha}{\partial W_B\%}=-\alpha_A+\alpha_B \qquad (2\text{-}9\text{-}12)$$

③ 实验要求。

a.按照设计要求提交设计报告；

b.按照合理的实验步骤完成实验；

c.正确记录实验数据；

d.绘制乙醇水溶液比容-质量分数关系图；

e.由图求出质量分数为 30%的乙醇水溶液中各组分的偏摩尔体积及 100g 该溶液的总体积。

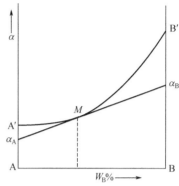

图 2-9-3　比容-质量分数关系图

5. 数据处理和结果

实验温度：实验前_____

实验后_____　　　　平均值_____

大气压：实验前_____　　实验后_____　　　平均值_____

（1）密度（见表 2-9-1）

查出实验温度下水的密度 ρ_2，通过式（2-9-1）计算实验温度下乙醇的密度。

表 2-9-1　密度测定数据表

m_0/g	m_1/g			m_2/g			ρ_2/（kg/m³）
	1	2	平均	1	2	平均	

（2）黏度（见表 2-9-2）

表 2-9-2　黏度测定数据表

测定次数	1	2	3	平均
乙醇流经时间 t_1/s				
纯水流经时间 t_2/s				
乙醇密度 ρ_1/（kg/m³）				
纯水密度 ρ_2/（kg/m³）				
纯水黏度 η_2/10⁻³Pa·s				
乙醇黏度 η_1/10⁻³Pa·s				

根据实验温度查出该温度下水的密度 ρ_2 和黏度 η_2，再根据前面数据处理结果得出的乙醇密度 ρ_1 通过式（2-9-5）计算实验温度下乙醇的黏度。

（3）偏摩尔体积

照设计要求和实验要求进行数据处理。

6. 思考题

（1）使用比重瓶测定液体密度时应注意哪些问题？

（2）用奥氏黏度计测定黏度时，待测液和标准液是否要取相同体积？为什么？

参考文献

[1] 山东大学等. 物理化学实验. 北京：化学工业出版社，2004.

[2] 咸春颖，沈丽，张帅. 物理化学实验. 上海：东华大学出版社，2018.

[3] 邱金恒，孙尔康，吴强. 物理化学实验. 北京：高等教育出版社，2010.

实验 10　弱电解质的电导

（一）电导和电离平衡

1. 实验目的

（1）加强对离子电导、电离度、电离平衡等概念及相关理论的理解。

（2）了解弱电解质的电导率测定方法。

（3）学习设计实验，并从中发现问题、解决问题。

2. 设计任务

设计实验步骤，考查乙酸-HAc（aq）这一弱电解质溶液的电导率 κ、摩尔电导率 Λ_m、电离度 α、电离平衡常数 K 及其与浓度和温度的关系。

3. 实验原理

电解质溶液具有导电性，其导电性可以由电导 G 来表征，G 为电阻的倒数，单位为 S，与 Ω^{-1} 等价。与电阻一样，电导值与待测物质的参数（导体的面积和导体的长度）有关，为了排除这种影响，通常选取单位面积、单位长度时的电导值，即电导率或比电导 κ 作为相互比较依据，电导率为电阻率的倒数，单位为 S/m，即

$$\kappa = G \frac{l}{A} \tag{2-10-1}$$

式中，A 为导体的面积，m^2；l 为导体的长度，m。

对于电解质溶液，除上述影响因素之外，其导电性质还与溶液的物质的量浓度 c 即电解质的物质的量浓度有关，为此提出以单位长度、单位面积、单位物质的量浓度电解质的电导值为量度，即摩尔电导率 Λ_m，其单位为 $S \cdot m^2/mol$，其与电导率的关系如下

$$\Lambda_m = \frac{\kappa}{c} = \kappa V_m \tag{2-10-2}$$

式中，V_m 为溶液的摩尔体积。实际上，由于溶液中离子的相互作用，只有溶液无限稀时的摩尔电导率才能真正反映出该电解质的导电能力，此时的摩尔电导率称为极限摩尔电导率 Λ_m^∞。

对于弱电解质溶液，例如 HAc(aq)，弱电解质在溶液中并未完全电离，只有部分电解质分子解离变为离子，参与导电。电离部分占弱电解质总量的百分比称为电离度，记为 α。弱电解质溶液的摩尔电导率会受两个因素影响：①电解质的电离程度；②离子间的相互作用。对于稀溶液，如果忽略离子间的相互作用，电导就由电离程度决定，则可以认为

$$\Lambda_m = \alpha \Lambda_m^\infty \tag{2-10-3}$$

在一定温度下，弱电解质电离会达到平衡，即

$$HAc \rightleftharpoons Ac^- + H^+$$

$t=0$	c_0	0	0
$t=t_e$	$c_0(1-\alpha)$	$c_0\alpha$	$c_0\alpha$

电离平衡常数为

$$K = \frac{[Ac^-][H^+]}{[HAc]} = \frac{c_0\alpha \cdot c_0\alpha}{c_0(1-\alpha)} = \frac{c_0\alpha^2}{1-\alpha} \tag{2-10-4}$$

也可表达为

$$K = \frac{c_0\Lambda_m^2}{\Lambda_m^\infty(\Lambda_m^\infty - \Lambda_m)} \tag{2-10-5}$$

4. 仪器装置与试剂

电导率仪 1 台；电导电极 1 支；电极架 1 只；恒温水浴 1 台；滴定管 1 支；移液管数支；烧杯数个；玻璃棒 1 支；洗瓶 1 个，容量瓶数个。

HAc（分析纯）；去离子水。

5. 实验步骤设计

设计提示：

（1）考察乙酸电导率随浓度的变化时，浓度选取范围基本涵盖 0～6mol/L，但不必须取整数。

（2）涉及乙酸电离常数及电离度等随浓度变化时，浓度选取范围要在 0～0.1mol/L，基于后面滴定部分需要 0.02mol/L 的乙酸，所以最小浓度可以选择 0.02mol/L 并且多配一些备用。

6. 注意事项和说明

（1）各组分工合作配制溶液，注意实验过程中各用具的清洗方式。

（2）电子电导率仪使用简便，直接测量即可，不需按钮调节。但所测电导率值有时会有些漂移，读数比较稳定时即可记录，不需等示数完全恒定。

测量电导率时，建议每种浓度下测 2～3 次。

（3）计算中所需的 HAc 的 Λ_m^∞ 值，据其 18℃ 和 25℃ 时的值，作线性推延获得。

对于 HAc：
$$\Lambda_m^\infty(18℃) = 0.0350S \cdot m^2/mol$$
$$\Lambda_m^\infty(25℃) = 0.0391S \cdot m^2/mol$$

7. 数据处理和结果

（1）根据测量结果，分别计算各浓度下 HAc(aq) 的 Λ_m、α 和 K 值，并列表、作图。举例说明计算过程。

（2）分析各参量（κ，Λ_m，α，K）与浓度的关系。

（3）分析各参量（κ，Λ_m，α，K）与温度的关系。

8. 思考题

（1）电解质溶液的电导率与哪些外界因素有关？

（2）电离平衡常数与浓度有关吗？为什么？

参考文献

[1]　罗澄源，向明礼. 物理化学实验. 北京：高等教育出版社，2004.

[2]　武汉大学化学与分子科学学院实验中心. 物理化学实验. 武昌：武汉大学出版社，2004.

[3]　李元高. 物理化学实验研究方法. 长沙：中南大学出版社，2003.

（二）电导滴定

1. 实验目的

（1）学习电导滴定的原理和方法。

（2）设计并完成强碱滴定弱酸的实验。

2. 设计任务

设计实验步骤，测量 NaOH（aq）滴定 HAc（aq）时不同滴定体积下的电导值，并绘制电导滴定曲线，计算出未知 NaOH（aq）的浓度。

3. 实验原理

在一种电解质溶液中添加另一种电解质溶液时，如果发生一些特殊反应，如酸碱中和、生成沉淀等，将使体系中导电离子的种类和数量发生变化，从而改变体系的导电性。如果这种变化在某一点发生转折，就可依据体系电导的转折点来判断反应终点，这就是电导滴定。电导滴定的类型有多种，在此仅讨论用强碱 NaOH（aq）来滴定弱酸 HAc（aq）获得滴定终点，从而计算出未知的碱溶液的摩尔浓度。

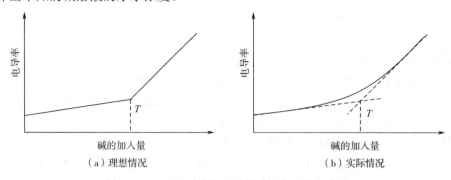

图 2-10-1　以强碱滴定弱酸体系的电导滴定曲线

在 HAc（aq）中逐渐滴加 NaOH（aq），在 HAc（aq）中引入了 Na^+ 和 OH^-，其中 OH^- 与 HAc 电离出的 H^+ 中和，使 H^+ 浓度下降；HAc 的电离平衡右移，产生更多的 Ac^-，这时提供导电的主要是 Ac^- 和 Na^+。随着碱的不断加入，Na^+ 不断增多，新电离出更多的 Ac^-，所以体系电导率增大。当加入的碱与 HAc 全部中和后，体系中除了 Ac^-、Na^+，还会有导电性很强的 OH^- 出现，这样体系电导将快速增加，表现为电导率曲线斜率变化。整个滴定过程中，体系电导的理论变化曲线如图 2-10-1（a）所示。图中 T 点为滴定终点，即酸碱中和的结束点。当然，在实际的滴定过程中，电导滴定曲线不像图 2-10-1（a）那么典型。比如，在滴定终点 T，由于水解作用，电导的变化呈现渐变的情形，如图 2-10-1（b）所示，这时可以通过作直线得交点的方式确定滴定终点 T。

4. 仪器与药品

电导率仪 1 台、电导电极 1 支、电极架 1 只，铁架台 1 个。

大烧杯 1 个、洗瓶 1 个、碱式滴定管 1 支、移液管 1 支，量筒或量杯 1 个、搅拌棒 1 支。

HAc（aq）、NaOH（aq）、去离子水。

5. 实验步骤设计

设计提示：

（1）可采用实验（一）中配制的较稀的 HAc（aq）作为标准溶液。取适量（如 20 mL）溶液于烧杯中，并适当加入去离子水稀释（如 2~3 倍），稀释后记录初始电导率值。

（2）在室温下用未知浓度的 NaOH（aq）滴定上述稀释的 HAc（aq）。每加入一定量的 NaOH（aq）（如 1 mL），充分搅拌后测量电导率 1 次。

（3）电导测量过程中，注意判定滴定终点。到达终点后，仍需继续加入碱液 5~7 次。

6. 注意事项

（1）注意各用具的清洗方式。

（2）不要将碱液滴到烧杯壁或电极壁上，更不要弄到烧杯外。

（3）滴定过程中，要搅拌均匀。搅拌时玻璃棒不要打断电极的头部，也不要将烧杯内的液体弄到烧杯外面。

（4）为了实验的准确性，可重复滴定 1 次。

（5）实验结束后，清洗各仪器和用具。碱式滴定管洗净后要倒置晾干。

7. 数据处理

（1）依据滴定数据，以电导率 κ 对 NaOH 加入量 V（mL）作图。

（2）在图中标注滴定终点，并求得 2 次滴定终点的平均值。

（3）计算出未知 NaOH（aq）的浓度。

8. 思考题

（1）冲稀的情况不同影响电导率值和滴定终点吗？

（2）冲稀的作用是什么？

（3）比较电导滴定法与化学滴定法的特点。

参考文献

[1]　傅献彩，沈文霞，姚天扬. 物理化学（下）. 五版. 北京：高等教育出版社，2006.

[2]　印永嘉，奚正楷，张树永. 物理化学简明教程. 四版. 北京：高等教育出版社，2007.

[3]　周鲁. 物理化学教程. 二版. 北京：科学出版社，2006.

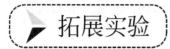

实验 11 碳钢在氯化钠溶液中腐蚀的极化曲线和阻抗谱

1. 实验目的

（1）了解电化学法测定金属腐蚀速率的基本原理和测试方法。

（2）掌握 Tafel 曲线外推法的原理与方法，熟悉阻抗谱测试与分析原理。

（3）熟悉 CHI760E 型电化学工作站的使用和操作方法。

2. 实验原理

（1）极化曲线

当原电池放电或电解池充电过程在进行时，电极上便有电流通过。这时，原电池的端电压或电解池所需的外加电压都不再等于对应的可逆电池电动势，其电极电势也发生了变化，处在不可逆的状态下。将这种有电流通过时电极电势偏离原来平衡电势的现象称为电极的极化现象。极化的规律是，随电流增加阳极电极电势向正方向移动，阴极电极电势向负方向移动。描述通过的电流（或电流密度）与电极电势关系的曲线称为极化曲线。某一电流密度下的电极电势 φ 与没有净电流通过时的电势 φ_0 的差值称为过电势（超电势）η：

$$\eta = |\varphi - \varphi_0| \tag{2-11-1}$$

如果极化作用主要是由电化学极化引起的，当超电势较大时（>50mV），极化曲线服从塔费尔（Tafel）方程：

$$\eta = a + b \lg |J| \tag{2-11-2}$$

式中，η 为电化学超电势；J 为电流密度；a，b 是 Tafel 常数。

碳钢在氯化钠溶液中腐蚀作用本质上是失电子作用。通常其腐蚀反应为：

$$2Fe + 2H_2O + O_2 \rule[0.5ex]{2em}{0.4pt} 2Fe^{2+} + 4OH^- \tag{2-11-3}$$

式（2-11-3）可看作由两个电极反应组成：

$$Fe \longrightarrow Fe^{2+} + 2e^- \tag{2-11-4}$$

$$2H_2O + O_2 + 4e^- \longrightarrow 4OH^- \tag{2-11-5}$$

它们同时发生在金属/氯化钠溶液的界面上，故亦称反应式（2-11-4）和反应式（2-11-5）为"共轭反应"。因为，如果没有其中之一，则另一反应也不能持续进行。类似金属/氯化钠溶液这样的电极亦称为"二重电极"。当碳钢电极没有和外电路接通时，是没有净电流 $J_{总}$ 流过的，但是在电极上的溶解过程仍然能发生。设此时金属氧化反应的阳极电流密度为 J_{Fe}，O_2 与水反应放电生成的 OH^- 离子的阴极电流密度为 J_O，必然有：

$$J_{总} = J_{Fe} + J_O = 0 \tag{2-11-6}$$

所以

$$J_{Fe} = -J_O \tag{2-11-7}$$

J_{Fe} 的大小就反映了碳钢在氯化钠溶液中的溶解速率（即腐蚀速率），故有：

$$|J_{Fe}| = |J_O| = J_{corr} \qquad\qquad (2\text{-}11\text{-}8)$$

J_{corr} 亦称腐蚀电流密度。

通过测定式（2-11-4）、式（2-11-5）反应的极化曲线，来推算 $|J_{Fe}|=|J_O|$ 的值，即得 J_{corr}。维持 $J_{Fe}=-J_O$ 的电势是 Fe/海水体系在没有净电流通过时 Fe 电极上存在的电势，称作静态（或稳态）电势，常称自腐蚀电势 φ_{corr}。它可以通过与参比电极如饱和甘汞电极组成的电池来测得。

图 2-11-1 是碳钢在 NaCl 溶液中腐蚀的阴极极化曲线（φ_{corr}, ab 线）和阳极极化曲线（φ_{corr}, cd 线）示意图。图中 ab 线段和 cd 线段是直线，且电流密度绝对值较大（强极化区），都服从 Tafel 方程，即

$$\eta_H = a_H + b_H \lg |J_O| \qquad （ab\text{ 线段}） \qquad (2\text{-}11\text{-}9)$$

$$\eta_{Fe} = a_{Fe} + b_{Fe} \lg |J_{Fe}| \qquad （cd\text{ 线段}） \qquad (2\text{-}11\text{-}10)$$

ab 线的斜率是 b_O，cd 线的斜率是 b_{Fe}，将直线段 ba 与 dc 延长相交于 n 点，则 n 点必满足 $\lg |J_{Fe}| = \lg |J_O|$。

根据式（2-11-8）可知，即得到 J_{corr} 值。该值可以用上述方法即强极化直线区反向延长线交点求得，也可以利用极化曲线软件自带的数据处理程序求得。

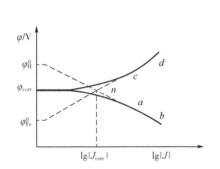

图 2-11-1　极化曲线外延法测定金属腐蚀速率

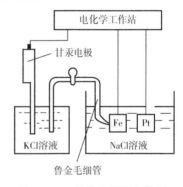

图 2-11-2　极化曲线测定装置

本实验是测量碳钢在 NaCl 溶液中的阴、阳极极化曲线并计算腐蚀速率。采用三电极体系，将碳钢电极与作为辅助电极的铂电极一起插入 NaCl 溶液中，饱和甘汞电极作为参比电极通过鲁金毛细管与测试介质连接。

（2）阻抗谱

电化学阻抗谱（EIS）是一种表征电化学系统的强大技术，广泛应用于腐蚀、能源、电催化和医学等领域。EIS 实验简单，其数据可以用来获得电化学系统的众多物理、化学特性信息，如扩散系数、化学反应速率和电极微观结构特征等。为了测量 EIS，对电化学系统施加一个非常小的（理想情况下是无穷小的）正弦电压或电流扰动，然后在一组给定的频率下，记录产生的正弦电流或电压的响应值。根据电压与电流的振幅比、输入与输出之间的滞后相位可以获得一个复值函数 $Z(f)$，该函数值与扰动频率 f 相关。

为分析 EIS 测试数据，经常要用到等效电路，研究者可基于以往的经验，根据电化学系统的特征建立合适的物理模型，找到一个由有限数量的基本组件（电阻、电容、电感等）合理串、并联构成的等效电路图，利用这些组件构成等效电路要能很好的匹配实验数据。图 2-11-3 是低浓度 NaCl 溶液中碳钢电极腐蚀的等效电路图，其中 R_Ω 代表溶液电阻，C_d 代表电极表面双电层电容，R_{ct} 为电荷转移电阻，综合起来可以用复合元件 $R_\Omega(R_{ct}C_d)$ 表达，利用阻抗谱拟

合软件可以求出各元件的具体数值。图 2-11-4 为此等效电路对应的阻抗谱 Nyquist 图，从图中我们也可以看出各组件代表的物理量参数值的大小。

需要注意的是，同一组数据往往可用多个不同的等效电路模拟，而且都有很好的拟合效果，因此等效电路必须有明确的物理意义，才能很好地解释被研究的电化学系统。

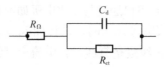

图 2-11-3　低浓度 NaCl 溶液中碳钢腐蚀等效电路图 R_Ω（$R_{ct}C_d$）

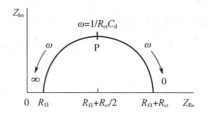

图 2-11-4　等效电路图 R_Ω（$R_{ct}C_d$）对应的阻抗谱 Nyquist 图

3. 仪器装置与试剂

CHI760E 电化学工作站（上海辰华）或 PAR3000A 电化学工作站（AMETEK）；电解池 1 套：包括碳钢电极 1 支（面积为 $1cm^2$），铂电极 1 支，甘汞电极 1 支，鲁金毛细管 1 支。饱和 KCl 盐桥；饱和 KCl 溶液；不同浓度的 NaCl 水溶液；无水乙醇棉球。

4. 实验步骤

（1）电解池准备工作

仔细观察电解池构造：看清对电极（铂电极）、鲁金毛细管带盐桥、工作（碳钢）电极的位置等，鲁金毛细管的管口对着工作电极。小心地拿出毛细管、对电极和工作电极，清洗干净电解池，向其中加入对应实验浓度的 NaCl 溶液，然后插入对电极和毛细管，保证液面高过对电极。在设置参比电极（甘汞电极）的"试管或小烧杯"中加入饱和 KCl 溶液，鲁金毛细管和盐桥连通参比电极和测试溶液并消除液接电势。装置见图 2-11-2。

（2）电极处理

用 600 #～ 1000 #金相砂纸依次打磨待测碳钢电极至镜面光亮，碳钢电极面积固定为 $1cm^2$，然后用无水乙醇棉球擦拭除油，待用。由于极化曲线测量严重破坏电极表面，每次极化曲线测试前要重复前述打磨除油程序。打磨时要保持电极表面水平，向单方向打磨。将打磨除油完毕的碳钢电极安装到电解池中，保持工作电极和对电极相对，鲁金毛细管接近工作电极表面。

（3）极化曲线的测量（仅测量极化曲线）

将电化学工作站的工作电极、参比电极、对电极接线分别连接到对应电极（铂电极与红线连接，饱和甘汞电极与白线连接，待测金属电极与绿线连接），打开电化学工作站，在 Setup 菜单下运行 hardware test，确定电化学工作站与微机系统连接正常。

连接正常后，首先新建测量文件，测试开路电位。在 Setup 菜单下选择 Technique（实验技术）中的 OCPT（开路电位）。设置实验参数：在 Setup 菜单下选择 Parameters 设置开路电位实验参数。将 Runtime/s 值设置为 20～40，其余参数默认。点击运行按钮"▶"，扫描并记录开路电位。

重建测量文件，测试极化曲线。在 Setup 菜单下选择 Technique（实验技术）中的 TAFEL-plot（塔费尔曲线）。实验参数设置范围如下：Init E（V）：开路电位-0.5 V；Final E（V）：开路电位+0.5 V；Scan Rate（V/S）：0.01～0.001；勾选自动灵敏度：Auto sensitivity；其余参数默认。准备就绪后，点击运行按钮"▶"测定极化曲线。判定极化曲线 Tafel 区，并由塔费尔曲线外推求出其腐蚀电流 i_{corr} 和自腐蚀电位 E_{corr}。（可以选择手工处理或软件处理，并思考其原理）。

如果条件允许，改变腐蚀介质条件，如 NaCl 溶液浓度、添加缓蚀剂等，重复前述步骤。分别测定不同条件下极化曲线，求解各腐蚀电流和自腐蚀电位，求解各曲线的 Tafel 常数，比较这些参数变化，并分析。

（4）阻抗谱测量（仅测量阻抗谱）

将电化学工作站的工作电极、参比电极、对电极接线分别连接到对应电极（铂电极与红线连接，饱和甘汞电极与白线连接，待测金属电极与绿线连接），打开电化学工作站，在 Setup 菜单下运行 hardware test，确定电化学工作站与计算机系统连接正常。

连接正常后，首先新建测量文件，测试开路电位。在 Setup 菜单下选择 Technique（实验技术）中的 OCPT（开路电位）。设置实验参数：在 Setup 菜单下选择 Parameters 设置开路电位实验参数。将 Runtime/s 值设置为 20～40，其余参数默认。点击运行按钮"▶"，扫描并记录开路电位。

重建测量文件，测试阻抗谱。在 Setup 菜单下选择 Technique（实验技术）中的 IMPT。实验参数设置范围如下：Init E（V）：开路电位或 0 V；High Frequency：150000；Low Frequency：1；Amplitude：0.005；勾选自动灵敏度：Automatic；其余参数默认。准备就绪后，点击运行按钮"▶"，测定阻抗谱。观察阻抗谱 Nyquist 图形状，将其测试数据导出到阻抗谱数据处理软件 ZSimpWin 中，利用原理部分给出的等效电路图和复合元件 $R_{\Omega}(R_{ct}C_d)$ 对测试数据进行拟合，观察测量图和拟合图的匹配度，获得各等效元器件的参数值。

如果条件允许，改变腐蚀条件，如 NaCl 溶液浓度、添加缓蚀剂等，重复前述步骤。分别测定不同条件的阻抗谱，观察测试曲线形状，建立对应的电路图，拟合求解各对应器件参数值，解释拟合电路的物理意义和并分析参数变化规律。

（5）测量阻抗谱和极化曲线

如果样品既测量阻抗谱，也测量极化曲线。建议首先测量阻抗谱，阻抗谱对电极外加扰动很小，测试过程几乎不破坏电极样品表面，不影响后续的极化曲线测量。极化曲线的测量过程则严重破坏电极表面，不重新处理电极表面会影响后续实验。

5. 数据处理和结果

（1）分别列出不同实验条件的极化曲线图和处理数据（表 2-11-1）。

表 2-11-1　碳钢在 NaCl 溶液中的极化曲线及数据

实验条件	极化曲线图	腐蚀电流密度 J_{corr}/A·cm^{-2}	lg J_{corr}	自腐蚀电位 E_{corr}/V	阳极 Tafel 常数

（2）分别列出不同实验条件的阻抗谱图和处理数据（表 2-11-2）。

表 2-11-2　碳钢在 NaCl 溶液中的阻抗谱曲线及数据

实验条件	阻抗谱图	拟合电路	复合原件	R_Ω	R_{ct}	C_d	……

6. 思考题

（1）什么是极化现象？极化的规律是什么？

（2）什么叫自腐蚀电位？为什么腐蚀电流密度 J_{corr} 能够反映腐蚀速率？

（3）经常看到极化曲线图纵坐标标有"vs SCE"，表示什么意义？如何对应标准电极电位？

（4）根据本实验获得的阻抗谱实际数据，给出等效电路，并解释其物理意义。

参考文献

[1] 胡英. 物理化学（下册）. 北京：高等教育出版社，2004.

[2] Bard A J，Faulkner L R. Electrochemical Methods：Funementals and Applications. 2nd ed.，New York：Wiley，2001.

[3] 曹楚南. 腐蚀电化学原理. 北京：化学工业出版社，2004.

实验 12　热力学性质与相平衡的计算

1. 实验目的

（1）理解热力学数据与化学平衡常数和相平衡之间的关联。

（2）掌握从热力学数据库中查找相关数据的方法。

（3）熟悉 FactSage 热力学计算软件的使用方法。

2. 实验原理

相变焓、化学反应平衡常数以及多元相图与系统的热力学性质密切相关。学会查找相关热力学数据，掌握一种热力学计算软件的使用方法，对理解相平衡和化学平衡非常有帮助。当今世界上最重要的热力学数据库和计算软件包括 Thermo-Calc 和 FactSage。其中 FactSage 热力学计算软件是将加拿大蒙特尔综合工业大学开发的 FACT 软件与德国 GTT 公司开发的 Chemsage 软件相融合的综合性集成热力学计算软件，将化合物和多种溶液体系的热力学数据库与先进多元多相平衡计算程序集为一体。FactSage 热力学计算软件的计算功能强大，可对相关化合物的相变焓、熵和 Gibbs 自由能等热力学性质进行查找和计算，同时也可以计算化学反应的平衡常数和多元多相平衡相图。另外此软件还可进行相图、优势区图、电位-pH 图的计算与绘制，热力学优化，作图处理等。

（1）查找和计算单组分系统的热力学数据。

首先可以通过 FactSage 软件的 View Data 模块对热力学数据库中的相变热力学数据进行查找。在主界面（如图 2-12-1 所示）中点击 View Data 进入热力学数据库查阅界面，在 Elements or Compound or ALL 输入窗口处输入相应化学式，同时在 Pressure 和 Energy 选项处选择压强和能量的单位。在 Compound Databases 处选择数据库 FactPS，之后点击 OK 进入下一界面。在这一界面中可查询相关化合物的热容、焓和熵等热力学数据以及相变温度。

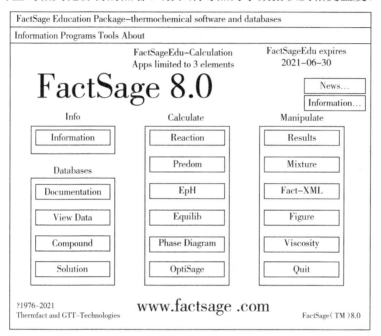

图 2-12-1　FactSage 热力学软件 8.0 版的主界面

我们还可以使用软件的 Reaction 模块对单组分系统的热力学性质进行外推计算。在主界面中点击 Reaction 进入相关计算模块，输入化合物的化学式和物质的量（如 1mol）以及状态（在 Phase 窗口选择 most stable），同时在 T（K）输入 T（即表示将温度 T 设为变量），压强默认是热力学标准状态的压强，之后点击 Data Search 选择数据库 FactPS，最后点击 Next 进入下一步。

在 Reaction-Table 界面后，在左下角空白栏输入计算条件，此处的输入量应与上方物理量对应，同时注意输入格式（如在第一列温度列下方对应的空白处输入 "100 400 100"，表示最低计算温度为 100K，最高计算温度为 400K，每 100K 温度间隔计算一次）。最后点击 Calculate 按钮，此页内即显示计算结果。

（2）计算化学反应平衡常数。

可使用 Reaction 模块计算相关化学反应的平衡常数。在 FactSage 主界面处点击 Reaction 进入计算界面。点击页面上的 "+" 号用以填加反应物和生成物，Quantity 栏输入化学反应系数，Phase 栏选择 most stable。温度处输入 T（即表示将温度 T 设为变量，在后面的过程中可计算一系列温度下的平衡常数），点击 Next 进入下一步。

在设置计算条件输入框中输入所需计算的条件（输入格式与之前计算单组分热力学性质

时相同），然后点击 Calculate，此时计算结果显示在表格中，其中 Keq 栏所在列为计算得到的反应平衡常数。得到的结果也可以通过列表或者图片的形式显示：在 Reaction-Table 界面，点击 Figure，选择 Axes，在弹出的对话框中点击 Y-variable 和 X-variable。选择 x 轴和 y 轴的变量，然后点击 OK 可画出反应的 ΔG 与温度 T 的关系图。

除了 Reaction 模块以外，也可以使用 Equilib 模块进行化学反应平衡的计算。在主界面点击 Equilib，进入相应界面后点击"+"添加反应物，Quantity 栏输入反应物系数。设置单位 Units 并在 Data Search 中选择合适的数据库，点击 Next 进入下一个界面。在 Reactants 处确认输入的反应物是否正确，在 Products 栏可以点击的列表里选择生成物。在 Final Conditions 处输入所需的计算条件，包括温度、压力等。设置完之后点击 Calculate 则可计算相应的化学反应平衡。该模块一次可完成多个不同温度的平衡状态计算。根据计算结果，通过点击 output→plot→plot Results→Axes 选择 x 轴和 y 轴，之后点击 select 选择物质，点击 OK→Plot 从而绘制图片以显示包括平衡常数、气体分压等与温度和压强的依赖关系。

（3）二元相图的优化与模拟。

FactSage 热力学计算软件的主要功能就是进行多元相图的模拟计算。在优化计算之前需要先查阅相关文献，收集和评估相关体系的热力学数据。之后的优化评估过程主要分为化合物和溶液两部分。

在电脑中创建文件夹（可用相关二组分系统命名）（注：文件夹需英文命名且保存在无中文字符的文件目录下）。

化合物：FactSage→Compound→File→New DataBase→点开创建的文件夹→文件命名→保存后软件出现命名文件夹；Compound→搜索框输入相图两端的化学式→回车→点击 FTliteBASE 左侧加号→将它下面的化学式拖入命名文件夹中。

液相：FactSage→Solution→File→New→点开创建的文件夹→文件命名（同化合物命名一致）→保存后软件出现命名文件夹；点击文件夹左侧加号→右击 Solutions→Add Solution→Solution Name：liquid，State：Liquid，Model：QKTO（模型并不固定，合金相图液相模型用 QKTO）；打开 Compound 模块→命名文件夹左侧加号→两端的化学式左侧加号→L1 拖到 Solution 模块文件夹下的 Functions→Function Name：L；点开 Solutions→liquid（1-1）（QKTO）→SubLattice→右击 A→Add Species→2→分别点击 A0，A1→Species Name 分别改为两端的化学式（改名顺序按照调研的液相模型括号里的顺序输入）→右击化学式（A0 改名之后的）→Add End Member XX（XX 指代化学式）→Name：XX，Formula：XX，Gibbs Energy Function：XX#L（点开 Functions→XX→L，上方搜索框右侧括号里边为（XX#L），这里 Gibbs Energy Function 输入的要和括号里边的保持一致）；同时选中 A 下方两个化学式→右击 Add Bragg→Williams→GE→Redlich→Kister（看文献中有几个相互作用系数就操作几次）→Interactions 下方依次点击输入 i 右边的数字和相互作用系数表达式；File→Save soln 保存。

绘制相图：FactSage→Phase Diagram→Data Search→Add/Remove Data→ADD→Browse→自建文件夹里的 soln.sln→打开→OK→导入完之后关闭此页面后再次打开→右侧 Private Databases 选择自己命名的数据库→OK；点击加号添加两个输入框分别输入相图两端的化学式→点击菜单栏 Units 选择单位→Next；点击中间下方的 Select→Select all solutions→点击左中侧 pure solids 左侧的空白方框→点击左下侧 Variables 区域→弹出的窗口最左边选择第一个→Next→设置温度（Y 轴）和摩尔分数（X 轴）→OK→Calculate。

3. 仪器装置

硬件：计算机。

软件：FactSage 8.0 教育版。

4. 实验步骤及数据处理

（1）H_2O 热力学数据：第一步在软件数据库中通过 View Data 模块进行查找（数据库选择 FactPS）；第二步用 Reaction 模块选择 FactPS 数据库，输入物质的量、状态、温度、压强进行计算。

（2）$N_2+3H_2 \Longrightarrow 2NH_3$ 分别用 Reaction 和 Equilib 模块计算反应平衡常数，Reaction 模块直接输入反应物、生成物、状态、温度、压强、系数等条件即可计算出结果并可绘制相关图形；Equilib 模块是输入反应物及系数，下一步确认反应物是否正确并直接选择生成物，再输入所需条件才可计算出结果并绘制出相关图形。

（3）Al-Si 相图利用 Compound 模块构建化合物（数据库选择 FTliteBASE），Solution 模块构建液相，并用 Phase Diagram 模块绘制出构建好的 Al-Si 二组分恒压固液相图（可利用表 2-12-1 提供的 Al-Si 二元体系热力学数据）。

表 2-12-1　Al-Si 二元体系相图热力学数据

Parameter=$A+BT$

Parameter	A	B
$^0L_{Al,Si}^{liq}$	−11340.1	−1.23394
$^1L_{Al,Si}^{liq}$	−3530.9	1.35993
$^2L_{Al,Si}^{liq}$	2265.4	

5. 思考题

（1）改变压强对水的热容、吉布斯自由能以及相变温度有何影响？为什么？

（2）如何理解计算得到的温度和压力对 NH_3 分压的影响？

（3）模拟计算 Al-Si 二组分恒压固液相图时，如何利用溶液模型模拟 Si 在 Al 中的部分固溶？

实验 13　纳米二氧化钛光催化降解染料废水

1. 实验目的

（1）认识光催化及光催化降解废水中有机物的反应机理。

（2）掌握二氧化钛光催化降解染料废水的测试方法。

（3）掌握光催化反应器、分光光度计的原理与使用方法。

2. 实验原理

近年来，随着印染工业的迅速发展，排放到水中的有害染料严重危害了人们的正常健康生活。为此，光催化降解水体有机污染物的技术备受关注，其优点在于该反应可以在常温常压条件下有效地降解废水中的低浓度污染物，且无二次污染。

二氧化钛（TiO_2）有三种晶型：锐钛矿型、金红石型和板钛矿型。在紫外光照射下，锐钛矿晶型的光催化性能最好。通常化学法制备的二氧化钛多为无定形粉体，要通过高温焙烧转化为晶体，锐钛矿转化的温度约为380℃。纳米二氧化钛具有比表面积大、表面活性高、光吸收性能好、氧化能力强等优点，其催化效果比普通氧化钛更好，被广泛用作光催化反应的催化剂。

当光照射到TiO_2时，价带上的电子会吸收光子（$hv > E_g$）进而被激发至导带，在价带上留下空穴。本征TiO_2的氧化还原电位在3.0eV附近，具有很强的氧化能力。对位于价带上的光生空穴，通过氧化羟基（1.99eV）或者水分子（2.18eV），生成具有强氧化能力的羟基自由基，发生氧化还原反应。在TiO_2导带附近（−0.2eV），具有还原能力的光生电子会与溶氧发生反应生成超氧自由基，超氧自由基与氢离子反应生成过氧羟基自由基，过氧羟基自由基与光生电子结合生成羟基自由基。过程中生成的超氧自由基，过氧羟基自由基，羟基自由基攻击有机分子，发生氧化还原反应，达到降解目的。因此，在光催化过程中，采取一定的措施将光生载流子分离或消耗是提高TiO_2光催化性能的重要手段。具体过程如下：

$$TiO_2 + Light \longrightarrow e^- + h^+$$

$$TiO_2（h^+）+ H_2O \longrightarrow TiO_2 + \cdot OH + H^+$$

$$TiO_2（e^-）+ O_2 \longrightarrow \cdot O_2^- + TiO_2$$

$$\cdot O_2^- + H^+ \longrightarrow HO_2 \cdot$$

$$\cdot O_2^- + 3H_2O \cdot \longrightarrow \cdot OH + 3O_2 + H_2O + e^-$$

$$2HO_2 \cdot \longrightarrow H_2O_2 + O_2$$

$$H_2O_2 + TiO_2（e^-）\longrightarrow TiO_2 + \cdot OH + OH^-$$

$$TiO_2（h^+）+ OH^- \longrightarrow \cdot OH$$

$$\{\cdot O_2^-, \ \cdot OH, \ HO_2 \cdot\} + 有机污染物 \longrightarrow CO_2 + H_2O$$

TiO_2光催化机理图如图 2-13-1。

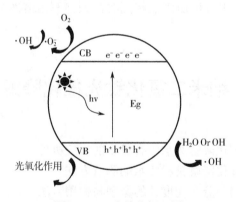

图 2-13-1　光催化机理图

甲基橙是常见的有机废水污染物，具有较高的抗直接光分解和氧化能力，且其浓度可采用分光光度法测定，方法简单，常被用做光催化反应的模拟污染物。其分子式如下：

从结构上看，甲基橙属于偶氮染料，属于较难降解的有机物，用它模拟污染水体作为研究对象，具有一定代表性。

3. 仪器装置与试剂

CEL-LAB500E 光催化反应装置 1 套；722 型分光光度计 1 台；离心机 1 台；高压汞灯 1 支；循环水泵 1 台；分析天平 1 台；秒表 1 块；100mL 量筒 1 个；一次性刻度吸管若干；50mL 石英管 1 支；离心管、比色管若干。

甲基橙储备液（20mg/L）；纳米 TiO_2（P25）。

4. 实验步骤

（1）TiO_2 预处理：将 TiO_2 粉末放入蒸发皿中，放置于马弗炉中，500℃ 焙烧 4h。

（2）标准曲线绘制。

① 配制甲基橙标准溶液。取 9 支比色管，分别加入 5、10、15、20、25、30、40 和 50mL 浓度为 20mg/L 的甲基橙储备液于 50mL 比色管中，用去离子水定容，稀释成浓度为 2、4、6、8、10、12、16 和 20mg/L 的甲基橙溶液。

② 最大吸收波长的确定。打开分光光度计电源，进行基线（空白试剂）校零。然后将 10mg/L 的甲基橙溶液加入 10mm 比色皿中，扫描并记录最大吸收波长。

③ 工作曲线的绘制。于甲基橙最大吸收波长处，重新用去离子水做空白校零，并测定上述配制的甲基橙系列溶液的吸光度，绘制吸光度-浓度标准曲线。

（3）光催化剂性能测试

取 30mL 甲基橙溶液于石英管中，加入 0.1g TiO_2 催化剂，放入磁子，置于光反应器中，打开磁力搅拌 1h，使甲基橙在催化剂的表面达到吸附-脱附平衡。使用一次性吸管吸取约 5mL 上层溶液，离心分离后取上层清液，在甲基橙溶液最大波长处测定吸光度。

开通冷却水，打开紫外灯光源，继续搅拌下，每隔 20min 取样、经离心分离后，使用可见分光光度计，通过反应液的吸光度 A 测定来监测甲基橙的光催化脱色和分解效果。据朗伯-比耳定律，在低浓度时溶液浓度与吸光度呈良好的线性关系。因此，可用相对吸光度值的变化来表征降解过程中甲基橙浓度的变化，即：

$$降解率\ d = (C_0 - C_t)/C_0 \times 100\% = (A_0 - A_t)/A_0 \times 100\%$$

式中，C_t、A_t 分别为 t 时刻甲基橙溶液的浓度和吸光度；C_0、A_0 分别为甲基橙溶液的初始浓度和吸光度。

重复上述操作，共计 5 次测定溶液的吸光度。

实验完毕，将石英管中磁子取出，溶液倒入废液杯中，洗净石英管和比色皿。

5. 数据记录和处理

实验温度（1）＿＿＿＿　　（2）＿＿＿＿　　（3）＿＿＿＿　平均＿＿＿＿
大气压　（1）＿＿＿＿　　（2）＿＿＿＿　　（3）＿＿＿＿　平均＿＿＿＿

（1）将测定的不同浓度甲基橙溶液的吸光度记录在表 2-13-1 中，并绘制吸光度-浓度工作曲线（标准曲线）。

表 2-13-1 甲基橙标准曲线数据记录

甲基橙溶液 /（mg/L）	2	4	6	8	10	12	16	20
吸光度 A								

（2）将光催化数据记录于表 2-13-2 中，分析评价 TiO$_2$ 的光催化效果。

表 2-13-2 TiO$_2$ 光催化降解效果记录

吸附平衡后的吸光度（A_0）_____

t/min	A_0	A_0-A_t	（A_0-A_t）$/A_0 \times 100\%$
20			
40			
60			
80			
120			

6. 思考题

（1）经过光电催化反应，水中的甲基橙是否被彻底矿化？

（2）如何确认水中的有机污染物矿化程度？

参考文献

[1] 罗鸣，石士考，张雪英．物理化学实验．北京：化学工业出版社，2011.

[2] 欧玉静，石俊青，赵丹，郑毅．金属离子掺杂 TiO$_2$ 光催化剂及其表征技术的研究进展．功能材料，2021，52（2）：02018-02022.

[3] 咸春颖，沈丽，张帅．物理化学实验．上海：东华大学出版社，2018.

实验 14 综合热分析法测定五水硫酸铜的热稳定性

1. 实验目的

（1）了解综合热分析仪结构和工作原理，掌握其操作方法。

（2）掌握热重、差示扫描量热仪图谱的解析方法。

（3）测定五水硫酸铜的热稳定性，并分析其脱水机理。

2. 实验原理

热分析是指在程序控制温度和一定气氛下，测量物质的物理性质与温度或时间关系的一类技术。热分析根据所测量的物理性能不同，可分为热重分析（TGA）、差示扫描量热分析（DSC）、差热分析（DTA）、热机械分析（TMA）、动态热机械分析（DMA）等多种技术。利用热分析技术可以定性、定量地表征物质的热性能，包括测定材料的热稳定性、高分子材料的玻璃化转变温度、熔融、结晶等诸多物理性能以及力学性能等，在聚合物材料、药物、金属、矿物、石油、陶瓷等众多领域有着广泛的应用，是分析和表征物质热性能极其有用的手段。综合热分析是将单一热分析技术组合在一起，经一次测量得到两条或两条以上的热分析曲线，从不同角度对物质进行综合比较的热分析技术，有利于精确和快速综合分析，目前的综合热分析仪器主要有 TG-DTA 以及 TG-DSC 同步分析仪。

物质受热时，发生化学变化，质量随之改变。热重分析（TGA）是在程序控温下，测量物质质量与温度（或时间）关系的一种曲线。热重法的主要特点是定量性强，能准确测定物质的质量变化和变化速率（图 2-14-1）。

同时，物质在加热过程中发生物理或化学变化时，还将伴随着体系热焓的改变，其表现为该物质与外界环境之间有热流差。DSC 的基本原理就利用这一特点，记录试样和参比物下面两只电热补偿的热功率之差随时间或温度的变化关系，来鉴定物质或确定组成结构以及转化温度、热效应等物理、化学变化性质（图 2-14-2）。将 TG 和 DSC 分析同步使用，可以获得更多的样品信息，如在 DSC 图谱上有吸、放热峰出现时，但样品热重曲线没有质量变化，此时样品发生晶型转变或相变化，因为在物质晶型和相转变过程中，伴随有热效应，但物质本身质量不发生改变。由于任何两种物质的热性质不可能完全相同的，因此综合热分析可作为用于物质鉴定的特征曲线，类似于人类的指纹图。

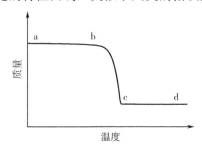

図 2-14-1　热重（TG）曲线　　図 2-14-2　差示扫描量热（DSC）曲线

五水硫酸铜（$CuSO_4 \cdot 5H_2O$）是重要的无机盐，俗称蓝矾、胆矾或铜矾，广泛应用在化学工业、农药及医药等领域。$CuSO_4 \cdot 5H_2O$ 的应用特性主要取决于其结构特征，尤其是结晶水的结合状态。$CuSO_4 \cdot 5H_2O$ 是蓝色晶体，三斜晶系，在升温过程中逐渐脱去结晶水，脱水过程可分为三个步骤，其反应为：

反应（1）　　　$CuSO_4 \cdot 5H_2O(s) \xrightarrow{321K} CuSO_4 \cdot 3H_2O(s) + 2H_2O(l)$

　　　　　　　$H_2O(s) \xrightarrow{375K} H_2O(g)$

反应（2）　　　$CuSO_4 \cdot 3H_2O(s) \xrightarrow{388K} CuSO_4 \cdot H_2O(s) + 2H_2O(g)$

反应（3）　　　$CuSO_4 \cdot H_2O(s) \xrightarrow{518K} CuSO_4(s) + H_2O(g)$

如表 2-14-1 所示，硫酸铜脱水过程伴有明显的热效应，因此使用综合热分析方法分析硫酸铜的脱水过程具有一定代表性，可为学生认识并解析热分析图谱提供帮助。

表 2-14-1　物质的热力学数据

物质	ΔH/（kJ/mol）	Cp,m/[J/（mol·K）]
$CuSO_4 \cdot 5H_2O$	$280.956 + 70.877 \times 10^{-3}T - 18.577 \times 10^5 T^{-2}$	-2276.51
$CuSO_4 \cdot 3H_2O$	$204.305 + 71.797 \times 10^{-3}T - 18.410 \times 10^5 T^{-2}$	-1681.13
$CuSO_4 \cdot H_2O$	$130.792 + 70.877 \times 10^{-3}T - 18.619 \times 10^5 T^{-2}$	-1082.82
$CuSO_4$	$73.408 + 152.850 \times 10^{-3}T - 12.309 \times 10^5 T^{-2}$	-769.98
H_2O	$29.999 + 10.711 \times 10^{-3}T - 0.335 \times 10^5 T^{-2}$	-241.8

3. 仪器装置与试剂

TG-DSC3+综合热分析仪（METTLER）；冷却水循环机；氧化铝坩埚。

$CuSO_4 \cdot 5H_2O$（AR）。

4. 实验步骤

（1）开机

① 打开氩气气瓶阀门，调节分压表压力为 0.1MPa。

② 打开恒温水浴电源开关、设置温度为 22℃，打开制冷开关、循环开关。

③ 半小时后打开 TGA/DSC3+主机电源。

④ 打开计算机，双击桌面上的"STARe"图标进入 TGA/DSC 软件，然后会自动建立软件与仪器的连接，当软件下方的灰条变绿后表示仪器与软件连接成功。

（2）测试

① 设定实验参数：点击测试界面左侧"Routine editor"选项编辑实验方法，设定起始温度为 25℃，结束温度为 500℃，升温速率为 10℃/min；点击"Pan"选项，勾选 70μL 氧化铝坩埚；命名并保存上述编辑的实验方法。

② 触碰仪器显示屏幕上"Furnace"键打开炉体，将传感器左侧放置一空白氧化铝坩埚，右侧放置装入约 10mg 硫酸铜试样的氧化铝坩埚，再次点击"Furnace"键关闭炉体（注：无水硫酸铜试样的质量需要使用万分之一天平准确称量）。

③ 将准确称量的硫酸铜质量填入样品质量框中，点击发送实验"Sent Experiment"，并点击测试窗口"start"键，待仪器质量稳定后，自动开始测试。

（3）将升温速率改为 5℃/min，20℃/min，重复样品的测定。

（4）关机。测试结束后，待炉体温度降温至 100℃，打开炉体，取出样品坩埚，将残余药品放入回收瓶，坩埚放入指定容器。关闭软件、计算机、综合热分析仪、冷却循环水和气瓶。

5. 数据记录和处理

（1）将测定的 TG 及 DSC 相关数据填入表 2-14-2 中。

（2）结合表 2-14-2 中信息，分析硫酸铜在升温时的反应过程，并写出相应方程式。

（3）计算五水硫酸铜脱水过程的失重率，并与理论值比较。

表 2-14-2　TG-DSC 分析数据记录表

样品			$CuSO_4 \cdot 5H_2O$		
升温速率			5℃/min	10℃/min	20℃/min
TG 分析	第一反应	起始温度			
		失重率			
	第二反应	起始温度			
		失重率			
	第三反应	起始温度			
		失重率			
DSC 分析	第一反应	起始温度			
		峰顶温度			
	第二反应	起始温度			
		峰顶温度			
	第三反应	起始温度			
		峰顶温度			

6. 注意事项

（1）坩埚中加入的试样要适量，一般加入的试样量为坩埚的 1/3～2/3。

（2）测试结束后，加热炉体需要降至 200℃以下，方可关闭冷却循环水。

（3）样品坩埚要保持干净，否则不仅影响导热，而且坩埚残留物在升温过程中也会发生物理、化学反应，影响实验结果的准确性。

（4）硫酸铜约从 1000℃起扩散渗透坩埚底部，损坏氧化铝坩埚和传感器。故应控制加热温度低于 1000℃。

7. 思考题

（1）从 TG 和 DSC 曲线可以得到样品的哪些信息？

（2）影响 TG 和 DSC 曲线的因素有哪些？

（3）对比不同升温速率的实验结果，说明为什么要控制升温速率。

参考文献

[1] 许新华，王晓岗，王国平. 物理化学实验. 北京：化学工业出版社，2017.

[2] 咸春颖，沈丽，张帅. 物理化学实验. 上海：东华大学出版社，2018.

[3] 邱金恒，孙尔康，吴强. 物理化学实验. 北京：高等教育出版社，2010.

[4] 罗鸣，石士考，张雪英. 物理化学实验. 北京：化学工业出版社，2011.

实验 15　固体材料的比表面积和孔径分析

1. 实验目的

（1）学习 BET 吸附理论及其公式的应用。

（2）掌握测定粉体比表面积和孔分布的原理和操作方法。

2. 实验原理

固体表面的原子由于周围原子对其作用力不对称，即受力不饱和，因而有剩余力场，可以吸附气体或液体分子。一些具有大比表面积的多孔固体材料可广泛用于吸附和催化等领域，其性能常常与其比表面积、孔径和孔体积等参数有直接关系。因此，有必要进行固体比表面积及孔径分布分析的测定。比表面积为单位质量的固体所具有的表面积总和。固体的孔系统有许多不同种类。根据国际纯粹与应用化学联合会（IUPAC）的定义，按照孔的平均宽度将孔分为三类：孔径小于 2nm 的孔称为微孔；孔径在 2～50nm 的孔称为介孔（或称中孔）；孔径大于 50nm 的孔称为大孔。

测定固体比表面积的方法很多，其中 BET 法是经典的方法。Brunauer、Emmett、Teller 三人于 1938 年提出了 BET 多分子层吸附理论，其表达方程即为 BET 吸附公式。推导此方程时对模型所做的基本假设为：①固体表面是均匀的，发生多分子层吸附；②除第一层的吸附热外其余各层的吸附热接近于吸附质的液化热；③吸附分子的解吸不受四周其他分子的影响。当吸附和解吸两个相反过程达到平衡时，气体的吸附量等于各层吸附量的总和。可以证明在等温条件下有如下关系：

$$V = V_m \frac{Cp}{(p_0 - p)\left[1 + (C-1)\frac{p}{p_0}\right]} \quad\quad (2\text{-}15\text{-}1)$$

式（2-15-1）称为 BET 吸附公式。

式中，V 为在平衡压力 p 时的吸附量［换算成标准状况（STP）下的体积］；V_m 为在固体表面上铺满单分子层时所需气体的体积［换算成标准状况（STP）下的体积］；p_0 为实验温度下气体的饱和蒸气压；C 为与吸附热有关的常数；p/p_0 为吸附比压。为方便使用，将式（2-15-1）改写为

$$\frac{1}{V(p_0/p - 1)} = \frac{1}{V_m C} + \frac{C-1}{V_m C}\frac{p}{p_0} \quad\quad (2\text{-}15\text{-}2)$$

若以 $1/[V(p_0/p-1)]$ 对吸附比压 p/p_0 作图，直线的斜率为 $(C-1)/(V_m C)$，截距为 $1/(V_m C)$。由斜率和截距可以求出 $V_m = 1/$（斜率+截距）。从 V_m 值可以求出铺满单分子层时所需的分子个数。若 V_m 的单位用 mL 来表示，则吸附剂的比表面积 S_g 为

$$S_g = \frac{V_m A_m L}{22400m} \quad\quad (2\text{-}15\text{-}3)$$

式中，A_m 为一个吸附质分子的横截面积；L 为 Avogadro 常数；m 为被测样品的质量。

BET 公式通常只适用于吸附比压在 0.05～0.35 范围内。这是因为此公式以多分子吸附的假定为前提。当吸附比压小于 0.05 时，无法建立多分子层吸附，甚至连单分子层吸附也远未完全形成，此时表面的不均匀性较为突出。当吸附比压大于 0.35 时，由于毛细凝聚现象显著，多分子层物理吸附平衡被破坏。

BET 法测比表面积的误差较小，是测定比表面积最常用的方法。在实际测试过程中，通常实测 3～5 组被测样品在不同气体分压下的多层吸附量 V，通常我们称之为多点 BET。当被测样品的吸附能力很强，即 C 值很大时，直线的截距接近于零，可近似认为直线通过原点，此时只测定一组吸附比压 p/p_0 数据，与原点相连可求出比表面积，我们称之为单点 BET。与多点 BET 相比，单点 BET 结果误差会大一些。

吸附等温线与吸附剂的表面性质、孔分布、吸附质和吸附剂的相互作用有关。在进行孔分布分析时，需要测定吸脱附等温线，以热力学的气液平衡理论研究吸附等温线的特征，采用不同的适宜孔形模型进行孔分布计算。

气体吸附法孔径分布分析利用毛细凝聚现象和体积等效代换的原理进行测定，即以被测孔中充满的液氮量等效为孔的体积。蒸气在多孔固体表面被吸附时，在细孔道内易发生毛细凝聚现象。这是因为在毛细管内液体凹液面上方的平衡蒸气压小于同温度下平面液体的饱和蒸气压 p_0，所以在固体细孔（毛细管）内低于平面液体饱和蒸气压的蒸气就可凝聚为液体。Kelvin 方程可描述发生毛细凝聚的临界孔半径：

$$r_k = \frac{-2\sigma M \cos\theta}{RT\rho \ln(p/p_0)} \quad\quad (2\text{-}15\text{-}4)$$

式中，r_k 为开尔文半径（在 p/p_0 下发生毛细凝聚的球形弯月面临界孔半径）；σ 为液体的表面张力；M 为液体的摩尔质量；θ 为液体与孔壁的接触角，在完全润湿时 $\theta=0$；R 为摩尔气体常数；T 为体系温度；ρ 为液体的密度。

由式（2-15-4）可知，在不同的 p/p_0 下，能够发生毛细凝聚的孔径范围是不一样的。对应

于一定的 p/p_0 值，半径小于 r_k 的所有孔皆发生毛细凝聚，液氮在其中填充，大于 r_k 的孔皆不会发生毛细凝聚，液氮不会在其中填充。在吸附实验时，p/p_0 由小到大，凝聚作用由小孔开始逐渐向大孔发展。反之，在脱附时，p/p_0 由大到小，毛细管中凝聚液的解凝作用由大孔向小孔发展。已发生凝聚的孔，当压力低于一定的 p/p_0 时，半径大于 r_k 的孔中凝聚液将气化并脱附出来。

在发生毛细凝聚的实际过程中，管壁上已先覆盖了吸附膜。即吸附时，细孔内壁上已先形成多分子层吸附膜，此膜厚度随 p/p_0 变化。当压力 p 增加到一定值时，由吸附膜围成的空腔内将发生凝聚。所以相对于一定压力 p 的 r_k，仅是孔芯半径的尺寸，固体真实的孔径尺寸 r_p 应加上多层吸附膜厚度 t 的校正，即 $r_p = r_k + t$。

理论和实践表明，当 p/p_0 大于 0.4 时，毛细凝聚现象才会发生，通过测定样品在不同 p/p_0 下凝聚氮气量，可绘制出其等温吸脱附曲线，通过不同的理论方法可得出其孔容积和孔径分布曲线。大部分介孔吸附剂会出现独特的且可重复的回滞环如图 2-15-1，即吸附支与脱附支在一段 p/p_0 范围内不重合，其通常与毛细凝聚有关。某些类型的回滞环特征与某些定义好的孔结构相关联。H1 型是非常窄的回滞环，具有非常陡且几乎平行的吸附和脱附部分。具有窄且均匀孔隙分布的吸附剂可给出 H1 型回滞环。由于多层吸附和滞后毛细凝聚的亚稳状态，通常使用 H1 型的脱附支来计算介孔孔径分布。在多孔体所有孔都被吸附质充满并发生凝聚的饱和蒸气下（$p/p_0=1$）开始，逐步降低蒸气压力，蒸发-解凝现象随之由大孔向小孔逐级发展，相应压力从 p_1 降到 p_2，必然有一定量的蒸气脱附量从开尔文半径大于 r_{k2} 的全部孔中排出，从而计算出脱附的凝聚液体积。H2 型回滞环较宽，具有

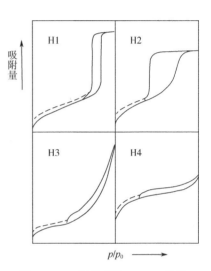

图 2-15-1　回滞环的 IUPAC 分类

长而平坦的停滞期，以及一个陡的脱附部分。陡峭的脱附支或依赖于网络孔隙阻塞效应，或源于凝结物的气穴作用。许多无机氧化物凝胶给的是 H2 型回滞环。这些材料具有复杂的孔结构，往往由不同大小和形状的相互交联网络孔隙组成。从 H2 回滞环形状可获得有用的定性信息，从吸附支可能得到半定量的孔径尺寸分析。H3 和 H4 型在高 p/p_0 下未出现停滞期，吸附曲线没有平台且不能进行介孔尺寸分析。H3 型回滞环通常是由片状颗粒聚集体给出的。而 H4 型回滞环可从活性炭和其他微孔范围内具有狭缝形状的吸附剂中获得。

有多种方法由吸附等温线计算孔径分布，一般都进行以下假定：孔隙是刚性的，并具有规则的形状，例如圆柱状或狭缝状；不存在微孔；在最高相对压力处，所有测定的孔隙均已被充满。Barrett、Joyner 和 Halenda 提出一种普遍采用的方法（BJH 方法），其计算步骤如下：①不论采用等温线的吸附分支还是脱附分支，数据点均按压力降低的顺序排列。②将压力降低时氮气吸附体积的变化归于两方面的贡献，一个是在由 Kelvin 方程针对高、低两个压力计算出的尺寸范围内的孔隙中毛细管凝聚物的脱除，另一个是在脱除了毛细管凝聚物的孔壁上多层吸附膜的减薄。③为测定真实的孔径和孔体积，必须考虑到，在毛细管凝聚物从孔隙中脱除时会残留多层吸附膜。

3. 实验装置与试剂

康塔 NOVA4200e 比表面积和孔隙度分析仪测定仪（如图 2-15-2 所示）及对应的软件；真空泵；电子天平；计算机。

介孔氧化铝粉末；液氮；高纯氮气；高纯氦气。

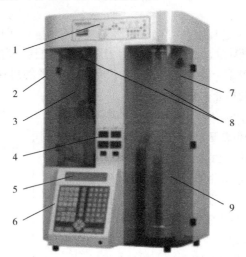

图 2-15-2　康塔 NOVA4200e 比表面积和孔隙度分析仪测定仪

1—指示灯系统；2—脱气站；3—加热包；4—升温包开关、设置和温度显示；5—指示面板；

6—控制面板；7—分析站；8—样品管；9—挂充满液氮的杜瓦瓶

4. 实验步骤

（1）样品管的校准。每一个新的样品管、填充棒组合在使用前都必须进行校准。校准前将填充棒小心放入样品管中并装在分析站上。按照 3.11 节的校准步骤进行校准。

（2）预处理样品、脱气。

①电子天平和分析仪使用前要开机预热 0.5h。打开高纯氮气气瓶主气阀，然后开副气阀并调到 0.07MPa 左右，最后开机械泵抽气 0.5h。

② 用电子天平称量所用玻璃管的质量 m_1，并称取约 0.10000g 样品（测试样品在装样前一般要烘干，样品越干测量数据越准确）。将样品装入样品管中，要保证样品管壁上没有样品。称量样品管和样品的质量和 m_2。

③ 将样品管装入仪器脱气站中，拧紧螺帽使样品管安全地装在脱气站中。将装好的样品管球部放入加热包中，必要时用夹子夹住加热包，以便固定样品管。注意：在上样品管时要注意保护好样品管，特别是在上样品管时千万不要碰到套有样品管的加热包，易把样品管损坏；若只做一个样品，则要堵上另外一个脱气孔。

④ 脱气：通过分析仪测定仪的控制面板来操作，进入仪器主菜单 main menu（可通过连续点击"ESC"键退回到 main menu），依次按 ESC→3→2→1→1，即可启动脱气操作。

⑤ 加热：待快速抽空阀打开后打开加热开关进行加热，并开始计时。第一步温度设定为 90℃，需保持 1h；第二步温度设定为 300℃，脱气约 4h。

⑥ 回气：当脱气结束后，关上加热键，打开脱气站的门进行降温，待不烫手时取下加热包，待温度低于 50℃时在主菜单下依次按 ESC→3→2→1→2 启动卸载（unload）操作回气。

⑦ 称量：按任意键取下样品管，迅速称重（以免空气进入导管内，影响实验精确度）；称量脱气后样品管加样品的质量和 m_3。则样品的净重 $m_4 = m_3 - m_1$。

⑧ 把脱气后的样品管装上填充棒装入分析站中，这时样品管的编号和分析站名（A 或 B 或 C 或 D）应与校准时的样品管的编号和分析站名保持一致。脱气站填上堵头。

（3）样品测量。

① 在杜瓦瓶中加满液氮，将保温瓶放在仪器的升降机上，即可准备开始测量。

② 测量样品通过软件操作。打开软件，在 operation 下选择 start analysis，然后输入样品名及其 ID 号，样品质量，选择所用样品管的编号，在 load station 中选择要测的点，然后选择 start，并确定之后即可开始测量。

（4）数据分析。

① 比表面积分析：在软件中打开测量出来的数据，点击鼠标右键，选中 graphs，点 BET 下的 multi-point，看数据是否符合规定参数的要求（所有参数为正，其中 correlation coefficient r 值达到 0.9999 以上，并且 constant 为上述情况下最小值），如果未达到要求，则右击图形，选 edit dada tags，将数据进行处理，处理结果要保持五个或五个以上的点，删除点时要保持连续性。点击鼠标右键选中 Tables →BET 法→多点 BET 曲线；则会显示多点 BET 表格，点击 Edit 菜单中选择"Select All"；点击鼠标右键"Save As Text"，即可以文本的形式保存。

② 孔径分析：点击鼠标右键依次选择 Tables→BJH Pore Size Distribution→Desorption 或 Adsorption，显示孔径分布数据；点击"Edit"菜单中选择"Select All"，再点击鼠标右键"Save As Text"，即可以文本的形式保存。

点击鼠标右键依次选择 Tables → Total Pore Volume，显示总孔隙体积。同上，保存文本。

（5）实验结束后，先打开放气阀，使系统内和外面的大气压一致，再关掉仪器电源、真空泵、气瓶、计算机。做好实验室卫生。

5. 注意事项

（1）样品管应拧紧，因为在脱气时会加压，虽然小于大气压但若没拧紧会导致样品管脱出。

（2）若温度降到 60～70℃时没让样品回气就取下样品管，会导致空气又进入到样品管中，并带进水蒸气，需要重新脱气。

（3）使用液氮时应小心操作，避免伤害事故。

6. 数据处理

（1）记录实验条件和各质量 m_1、m_2 和 m_3，计算样品的净重 $m_4 = m_3 - m_1$。

（2）导出不同比压的吸附数据，做出吸附曲线，以 $1/[V(p_0/p-1)]$ 对吸附比压 p/p_0 作图，求出 V_m 和样品的比表面积 S_g。

（3）分析样品的平均孔径和孔隙体积。

（4）根据所得数据，讨论样品可能的应用。

7. 思考题

（1）为什么在测试之前要进行脱气处理？

（2）在实验中测量比表面积时为什么要控制 p/p_0 在 0.05～0.35 之间？

参考文献

[1] 金彦任，黄振兴. 吸附与孔径分布. 北京：国防工业出版社，2015.

[2] Rouquerol F，Rouquerol J，Sing K S，Llewellyn P，Maurin G. 粉体与多孔固体材料的吸附：原理、方法及应用. 陈建，周力，王奋英等译. 2 版. 北京：化学工业出版社，2020.

[3] 中华人民共和国国家质量监督检验检疫总局，中国国家标准化管理委员会. GB/T 21650.2—2008 压汞法和气体吸附法测定固体材料孔径分布和孔隙度 第 2 部分：气体吸附法分析介孔和大孔. 北京：中国标准出版社，2008.

第3章

基本实验技术与实验仪器

3.1 温度的测量与控制

温度是定量描述一个物体冷热程度的物理量。它的本质和物质的分子运动相关。许多自然现象都与温度紧密相联，例如春、夏、秋、冬四季，物质的气态、液态、固态都是与温度的高低有直接关系的。温度是科学研究中的一个重要参量。精确测量温度、准确控制温度是非常重要的。

3.1.1 温标

测量物质的温度，需要有一个表示温度高低的尺度即温标，温标是温度的数值表示方法，如摄氏温标、华氏温标等。摄氏温标是以水的冰点（0℃）和沸点（100℃）为两个定点，定点间分100等份，每一份为1℃来确定的。华氏温标是以水的冰点（32°F）和沸点（212°F）为两个定点，定点间等分180份，每份为1°F来确定的。以上温标的建立是假设测温物质的某种特性（如水银的膨胀和收缩）与温度呈线性关系。但实际上，它们并非呈严格的线性关系。因此造成一定误差。热力学温标（又称开尔文温标或绝对温标）是建立在卡诺循环基础上的温标，它以冰的熔点0℃和水的沸点100℃为两个定点，其间分为100等份，填充温度计的介质为理想气体（实际上可以使用氢气做出定容氢温度计）。由于它与测温物质的性质无关，所以是理想的、科学的温标。热力学温标的单位是"开尔文"，符号为K。此温标定义水三相点的温度值为273.16K。

3.1.2 温度测量

物质的某些物理、化学性质，如：物体的体积、气体的压强、金属导体的电阻率、辐射强度和颜色等性质都会随温度的变化而变化。各种测温方法就是利用这些物理、化学性质与温度的关系，通过测量不同温度时，上述参数的变化来间接地测量被测物体的温度。

（1）测温方式分类

常用温度计分类：

$$
\text{常用温度计分类}
\begin{cases}
\text{接触式}
\begin{cases}
\text{热膨胀}
\begin{cases}
\text{固体膨胀：双金属温度计} \\
\text{液体膨胀：玻璃温度计} \\
\text{气体膨胀：压力式温度计}
\end{cases} \\
\text{热电偶}
\begin{cases}
\text{廉金属热电偶：铜-康铜、镍铬-镍硅、镍铬-考铜等} \\
\text{贵金属热电偶：铂铑}_{30}\text{-铂铑}_6\text{、铂铑}_{10}\text{-铂等} \\
\text{难熔金属热电偶：钨铼系、钨钼系等} \\
\text{非金属热电偶：石墨系、硅化物系、碳化物-硼化物系等}
\end{cases} \\
\text{热电阻}
\begin{cases}
\text{金属热电阻：铜热电阻、铂热电阻、镍热电阻等} \\
\text{半导体热敏电阻：锗电阻、碳电阻、热敏电阻（氧化物）等}
\end{cases}
\end{cases} \\
\text{非接触式}
\begin{cases}
\text{辐射法：辐射温度计、部分辐射温度计} \\
\text{亮度法：光学高温计} \\
\text{比色法：比色温度计}
\end{cases}
\end{cases}
$$

测温方式可分为接触式与非接触式两大类。所谓接触式：即感温元件直接与被测介质接触达到热平衡，此时感温元件的温度就是被测介质的温度。所谓非接触式温度计，即感温元件不必与被测介质接触，利用物体的热辐射（或其他特性），通过对辐射能量（或亮度）的检测实现测温。接触式测温方式简单、可靠、测量精度高，但由于达到热平衡需要一定时间，因此会产生测温的滞后现象。非接触式测温方式，测温速度快，测温范围广，多用于测量高温。由于它不能直接测得被测对象的真实温度，受到物体的发射率、热辐射传递空间的距离、烟尘和水蒸气等因素的影响，故测量误差较大。温度计还可按其测温原理的不同分类，并由于它们各自的结构和测温原理不同，在各种应用场合又显示出各自的优缺点。

（2）常用温度计介绍

① 热膨胀式温度计。热膨胀式温度计是利用物体受热膨胀的原理制造的。

a. 玻璃管液体温度计。常见的水银温度计、酒精温度计就属于这一类。水银温度计测温范围为-30～300℃，最高可达800℃（其中贝克曼温度计可测-20～120℃之间任意5℃内的温度变化，精度可达0.01℃），酒精温度计多用于低温的温度测量，测量范围为-100～+75℃。

玻璃温度计结构简单、使用方便、价格便宜、量值准确，但结构脆弱易损坏，测量结果只能读出，不能自动记录，测量过程中热惯性较大。

水银温度计的露茎校正，全浸式水银温度计如有部分露在被测体系之外，则读数准确性将受两方面的影响：第一是露出部分的水银和玻璃的温度与浸入部分不同，且受环境温度的影响；第二是露出部分长短不同，受到的影响也不同。为了保证示值的准确，必须对露出部分引起的误差进行校正。其方法如图3-1-1所示，用一支辅助温度计靠近测量温度计，其水银球置于测量温度计露茎高度的中部，校正公式如下

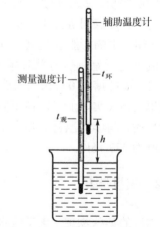

图 3-1-1 水银温度计的露茎校正

$$\Delta t_{\text{露茎}} = kh\,(t_{\text{观}} - t_{\text{环}}) \tag{3-1-1}$$

式中，$\Delta t_{\text{露茎}}$ 为温度计读书的校正值；$k=0.00016$ 是水银对于玻璃的相对膨胀系数；h 为露茎长度；$t_{\text{观}}$ 为测量温度计读数；$t_{\text{环}}$ 为辅助温度计读数。校正后测量系统的真实温度为

$$t = t_{\text{观}} + \Delta t_{\text{露茎}} \tag{3-1-2}$$

水银温度计的零点校正，由于玻璃是一种过冷液体，属热力学不稳定系统，水银温度计下部玻璃受热后再冷却收缩到原来的体积，常常需要几天或更长时间，所以，水银温度计的读数将与真实值不符，必须校正零点，校正方法是把它与标准温度计进行比较，也可用纯物质的相变点标定校正。具体公式为

$$t = t_{\text{观}} + \Delta t_{\text{示}} \tag{3-1-3}$$

式中，$t_{\text{观}}$ 为温度计读数；$\Delta t_{\text{示}}$ 为示值较正值。

b. 双金属温度计。双金属温度计是将两个膨胀系数不同的金属片组合在一起作为感温元件的温度计。通常是将双金属片绕成螺旋形，一端固定，另一端为自由端连接指针轴，当温度变化时，双金属感温元件的曲率产生变化，通过指针轴带动指针偏转，在刻度盘上显示出温度变化。

双金属温度计测温范围为 $-80 \sim +600\,℃$，适用于测量液体、蒸气、气体和固体的温度。具有结构简单、指示清晰、易于读数、耐振动和无汞污染等优点，但精度比玻璃温度计低。

c. 压力式温度计。压力式温度计是利用气体、液体或低沸点液体作为感温物质的温度计。当感温物质受到温度作用时，密封系统内的压力产生变化，同时引起连接弹簧弯曲曲率的变化并使其自由端发生位移，然后通过连杆和传动机构带动指针，在刻度盘上显示出温度的变化。

压力式温度计测温范围为 $-100 \sim +500\,℃$。除了刻度清晰、结构简单之外，还具有机械强度高，不怕振动，可以在 60m 范围内远距离显示温度，输出信号可以自动记录和控制等特点；其缺点是热惯性大，仪表密封系统一旦损坏难以修复且被测介质不能对铜和铜合金有腐蚀作用。

② 热电偶。热电偶与显示或控制仪表配套是目前使用最普遍的温度测量仪表。它可以直接测量和控制调节各种生产过程中 $-270 \sim +2500\,℃$ 温度范围内的液体、气体、蒸气等介质及固体表面的温度。由于其测量精度高、结构简单、热惯性小、测温范围广及可以远距离测量等特点，使其在温度测量中占有很重要的地位。

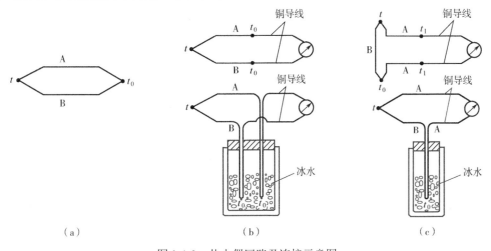

图 3-1-2　热电偶回路及连接示意图

当两种金属导线 A 和 B 的两端分别接在一起，保持一个接点（称冷端或参考端或自由端）的温度 t_0 不变，改变另一个接点（称热端或测量端或工作端）的温度 t 时，则在线路里会产生相应的热电势[见图 3-1-2（a）]。这一热电势由两部分构成：一部分是在接点处因两种金属的自由电子密度不同，由电子扩散而形成的电势差（电子密度大的金属为正极）；另一部分是在导体内，高温处比低温处自由电子扩散的速度大，同样由电子扩散形成电势差（温度高的一边为正极）。这两部分电位差合起来构成的热电势与热端的温度有关，而与导线的长短、粗细和导线本身的温度分布无关。因此，只要知道热端温度与热电势之间的对应关系，测得热电势即可求出热端温度。

为了测量热电势，需要使导线（称为偶丝）与测量仪表连成回路。通常有两种连接方式：一种如图 3-1-2（b）所示，A、B 偶丝的 t_0 端，都浸在冰水中，由 t_0 处到测量仪表的导线为铜导线，测量仪表也可以看作是铜导线，因此（b）的回路与（a）等效；另一种如图 3-1-2（c）所示，由于铜导线与偶丝 A 的两接点均为室温 t_1，同理，此回路也与（a）等效。

从理论上讲，任意两种不同导体都可以组成热电偶，但实际上并非如此。为保证热电偶测温的可靠性、稳定性和有足够的灵敏度，要求热电极材料的物理化学性能稳定、电阻系数小、热电势足够大且热电势与温度接近线性关系。

目前应用较多的主要有铂铑-铂（铂铑$_{10}$-铂、铂铑$_{30}$-铂$_6$）、镍铬-镍硅（镍铬-镍铝）、铜-康铜、镍铬-康铜等热电偶。各种热电偶都有自己的分度号和相应的分度表、测温范围及允许偏差。表 3-1-1 列出了一些常用热电偶的相关参数和简单识别方法。

表 3-1-1　常用热电偶的相关参数和简单识别方法

热电偶名称	分度号	热电偶识别			100℃时的热电势/mV	最高使用温度/℃		测温范围/℃	允许偏差/℃
		材料	极性	识别		长期	短期		
铂铑$_{10}$-铂	S	铂铑	正	较硬	0.645	1300	1600	0~1600	±1
		铂	负	柔软					
镍铬-镍硅	K	镍铬	正	不亲磁	4.095	1000	1200	0~1200	±1.5
		镍硅	负	稍亲磁					
铜-康铜	T	铜	正	红色	4.277	200	350	-40~350	±1
		康铜	负	银白色					
镍铬-康铜	E	镍铬	正		6.95	700	800	0~800	±4
		康铜	负						

③ 热电阻。热电阻是利用电阻与温度呈一定函数关系的金属导体或半导体材料制成的温度传感器。通常用来作为温度测量和调节的检测仪表，与显示仪表或控制仪表配套使用可以直接测量 -200~+650℃ 温度范围内的液体、气体、蒸气等介质以及固体表面的温度。具有测量精度高、性能稳定、灵敏度高且可以远距离传送和记录等特点。

常用的热电阻感温材料有铂、铜和镍，随着半导体技术的发展，半导体热电阻温度计的使用也日益增多。

a. 铂热电阻。由于铂容易提纯，且性能稳定、抗氧化能力强，具有高重复性的温度系数，因而铂热电阻得到广泛应用，其测量范围为 -200~+650℃。

b. 铜热电阻。铜热电阻价格低廉，测量准确度较高，其测温范围为$-50\sim+150℃$。

c. 半导体热电阻。半导体热电阻具有很高的负电阻温度系数，其电阻值随温度的增加而急剧下降，例如在室温附近，温度每升高$1℃$其电阻值可降低5%左右，故它的测温灵敏度很高，分辨能力很高，适于测量小的温度变化。半导体热电阻的缺点是测温范围小，并且很难制成具有标准化分度关系的半导体热电阻，一般都要对其进行单独分度和单独配用显示仪表。

④ 辐射式温度计。辐射式温度计是指依据物体辐射的能量来测量其温度的仪表，是非接触式测温仪表。所谓"非接触"是指在温度参数的检测过程中，仪表与被测对象不接触，因而可以对高温对象，热容量小的对象，有腐蚀性、高纯度、热接触困难或不希望扰乱温度分布的对象及运动对象等进行非接触测量。同时还可以实现快速测温和测量表面温度分布。

由于辐射式温度计的感温部分不与测量介质直接接触，因此它的测温精度不如热电偶温度计，测量误差较大。辐射测温方法分为亮度法、辐射法和比色法，其测温范围一般在$400\sim3200℃$。

属于这类温度计的有光谱辐射高温计（光学高温计、光电高温计、全辐射高温计）、比色高温计、红外温度计。

红外温度计是近来发展起来的一种温度计，它具有很多优点。它能够比较满意地测量高温、中温甚至比较低的温度。利用红外热影像技术，得到热影像图形能很好地反映被测物体的温度场，可以测量人体或物体的温度场。专门制成的热像仪有很多特殊用途，成为测温技术中的一项独特的技术。

⑤ 数字式温度计。随着数字仪表的迅速发展，数字式温度计也迅速发展起来。目前国内外已有很多厂商生产各种系列的数字式温度计。数字式温度计的优点是准确度高、读数直观、不易误读，特别是分辨力很高使其在测量小的温度变化时也比较准确。另外，它能方便地与现代数字技术配合，如与计算机等组成现代自动化测量系统。

3.1.3　温度控制

物质的物理性质和化学性质，如折射率、密度、黏度、蒸气压、表面张力、化学反应速率等，都与温度有关。许多物理化学实验也须在一定温度下进行，如平衡常数测定、反应速率常数测定等。因此，温度控制是物理化学实验必须掌握的技术。

利用物质相变温度的恒定性来控制温度是恒温的重要方法之一。例如水和冰的混合物、各种蒸气浴等，都是非常简便而又常用的方法，但是对温度的选择却有一定限制。另外一类是利用电子调节系统进行温度控制，此方法控温范围宽，可以调节设定温度。

（1）恒温槽

恒温槽是物理化学实验在常温区间常用的一种以液体为介质的恒温装置。

根据所需要的恒温程度，可以利用不同规格的恒温槽；根据恒定温度的不同，可以选取不同的工作物质：一般温度在$-60\sim30℃$用乙醇或乙醇水溶液；$0\sim90℃$，多采用水浴，为了避免水分蒸发，$50℃$以上的恒温水浴常在水面上加上一层石蜡油；超过$100℃$的恒温槽往往采用液体石蜡、甘油或豆油代替水；高温恒温槽则可用砂浴、盐浴、金属浴或空气浴等。

恒温槽一般由浴槽、温度控制器、继电器、加热器、搅拌器和温度计等组成。图3-1-3为恒温槽示意图，其中1是温度计，2是接点温度计，3是加热器，4是电动搅拌器，5是浴槽，6是保温材料。继电器和供电设备等都安装在控制盒内。

图 3-1-4 是恒温槽控制温度的简单原理线路图。当浴槽温度低于指定温度时，温度控制器通过继电器的作用，使加热器加热，浴槽温度高于指定温度时，即停止加热。因此，浴槽温度在一微小的区间内波动，而被测物体的温度也限制在相应的微小区间内。

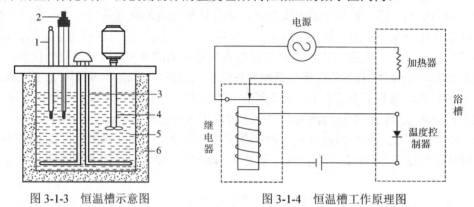

图 3-1-3 恒温槽示意图　　　　　图 3-1-4 恒温槽工作原理图

在恒温槽中，温度控制器是其感温中枢，是决定恒温程度的关键。温度控制器的种类很多，例如：可以利用热电偶的热电势、两种金属不同的膨胀系数以及物质受热体积膨胀等不同性质来控制温度。

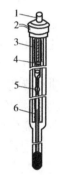

水银接点温度计（又称导电表）如图 3-1-5 所示，它是恒温槽最常用的温度控制器，其结构类似于一般温度计，下半段是一支普通温度计，上半段是控制用的指示装置。温度计的毛细管内有一根金属丝与上半段的螺母相连接。它的顶部放置一磁铁，当转动磁铁时，螺母即带动金属丝向上或向下移动。在接点温度计中有两根导线。这两根导线的一端分别与金属丝和水银相连接，另一端与控制器（由继电器和控制电路组成）相连接。

图 3-1-5 水银接点温度计

1—磁性螺旋调节器；2—引出导线；

3—上标尺；4—指示螺母；

5—可调金属丝；6—下标尺

松开磁铁上的固定螺丝，旋转磁铁，把螺母调到设定值。例如，要将温度控制在 35℃ 时，将螺母上沿调到 35℃ 处，这时，金属丝的下端恰好位于下半段的 35℃ 处，当温度上升，水银温度计中的水银柱上升到 35℃ 时，与金属丝接触，使控制器接通，继电器工作，加热回路断开，停止加热。当温度下降，水银温度计中的水银柱下降，与金属丝断开，使继电器上弹簧片弹回，加热回路接通，开始加热，从而使恒温槽的温度保持在 35℃。

恒温槽中，加热器一般为电加热器，功率大小视恒温槽的大小和所需温度高低而定。加热器要求热惰性小，面积大。

由于水银接点温度计的标尺刻度不够准确，恒温槽中常配一支 1/10℃ 的温度计测量恒温槽的温度。若要测量恒温槽的精确温度，则需选用更精确灵敏的温度计，如热敏电阻温度计，贝克曼温度计等。

恒温槽中的搅拌器，一般采用电动搅拌器并可带有变速装置，调整搅拌速度，使槽内各处温度尽可能相同。同时，要求搅拌器振动小、噪声低、长久连续转动不过热。

超级恒温槽还带有循环水泵，能使浴槽中的恒温水循环地流过待测体系。例如，将恒温水送入阿贝折光仪棱镜的夹层水套内，使样品恒温，而不必将整个仪器浸入水槽。

恒温槽的好坏可以用灵敏度来衡量，良好恒温槽的灵敏度曲线应有如图 3-1-6（a）所示的形式；（b）表示灵敏度稍差需要更换较灵敏的温度控制器；（c）表示加热器的功率太大，需换用较小功率的加热器；（d）表示加热器功率太小，或浴槽散热太快。

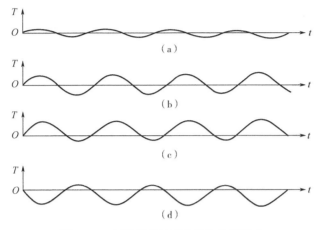

图 3-1-6　恒温槽灵敏度曲线的几种形式

（2）自动控温

实验室所用的电冰箱、恒温水浴、高温电炉等都属于自动控温设备。现在多数采用电子调节系统进行温度控制，它的优点是控温范围广、控温精度高等。

电子调节系统包括三个基本部件，即变换器、电子调节器和执行系统。变换器的功能是将被控对象的温度信号转换成电信号；电子调节器的功能是对来自变换器的信号进行测量、比较、放大和运算，最后发出指令，使执行系统完成加热或制冷。电子调节系统分为断续式二位置控制和比例-积分-微分控制两种。

① 断续式二位置控制。电烘箱、电冰箱、高温电炉和恒温水浴等大多采用这种控制方法。变换器的形式分为双金属膨胀式控制和接点温度计控制。

利用不同金属的线膨胀系数不同，选择线膨胀系数差别较大的两种金属，线膨胀系数大的金属棒在中心，另外一个套在外面，两种金属内端焊接在一起，外套管的另一端固定，见图 3-1-7。在温度升高时，中心金属棒便向外伸长，伸长长度与温度成正比。通过调节触点开关的位置，可使其在不同温度区间内接通或断开，达到控制温度的目的。其缺点是控温精度差，一般有几开尔文范围。

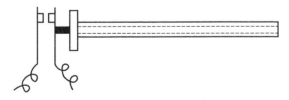

图 3-1-7　双金属膨胀式温度控制器示意图

若控温精度要求在 1K 以内，实验室多用水银接点温度计（导电表）作变换器（见图 3-1-5）。

继电器多采用电子管继电器和晶体管继电器，电子管继电器线路见图 3-1-8，由继电器及控制电路两部分组成，工作原理为：可把电子管的工作看成一个半波整流器，R_e-C_1 并联电路的负载，负载两端的交流分量用来作为栅极的控制电压。当电接点温度计的触点为断路时，栅极与阴极之间由于 R_1 的耦合而处于同位，即栅极偏压为零。这时电流较大，约有 18mA 通过继电器，衔铁吸下，使加热器通电加热；当电接点温度计为通路，板极是正半周，这时 R_e-C_1 的负端通过 C_2 和电接点温度计加在栅极上，栅极出现负偏压，使板极电流减少到 2.5mA，衔铁弹开，电加热器断路停止加热。

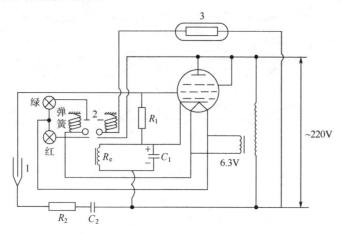

图 3-1-8 电子管继电器线路图

1—接点温度计；2—衔铁；3—电热器

电子继电器控温灵敏度高，并且因电接点温度计通过的最大电流仅为 30μA，而使其有较长的使用寿命，所以得到普遍使用。

随着科技的发展，电子管继电器中电子管逐渐被晶体管代替，图 3-1-9 是其典型线路。

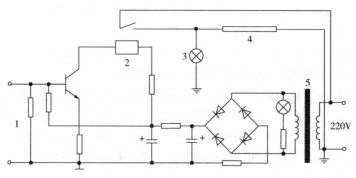

图 3-1-9 晶体管继电器电路

1—接触温度计；2—灵敏继电器；3—指示灯；4—电热器；5—电源变压器

由于接点温度计、双金属膨胀类变换器不能用于高温，因而产生了可用于高温控制的动圈式温度控制器。采用适用于高温的热电偶作为变换器。热电偶可将温度信号变换成电压信号，加于动圈式毫伏计的线圈上，当线圈中因电流通过而产生的磁场与外磁场相互作用时，线圈就偏转一个角度，故称为"动圈"。偏转的角度与热电偶的热电势成正比，并通过指针在刻度板上直接将被测温度指示出来，指针上有一片"铝旗"，它可随指针左右偏转。另有一个安装在刻度后面的检测线圈，分为前后两半，用于调整设定温度，并且可以通过机械调节机构沿刻度板左右移动，通过设定针在刻度板上显示出检测线圈的中心位置。当高温设备的温度未达到设定温度时，铝旗在检测线圈之外，电热器在加热；当温度达到设定温度时，铝旗全部进入检测线圈，改变了电感量，电子系统使加热器停止加热。在温度控制器内设有挡针，防止当被控对象的温度超过设定温度时，铝旗冲出检测线圈而产生加热的错误信号。

② 比例-积分-微分控制（简称 PID）。虽然断续式二位置控制器比较方便，但由于只有通断两个状态，电流大小无法自动调节，控制精度较低，尤其是在高温时精度更低。因此控温精度较高的 PID 技术得到广泛应用。采用 PID 调节器，用可控硅控制加热电流，使其随偏差信号大小而作相应变化，大大提高了控温精度。

用热电偶测量炉温，由毫伏定值器给出与设定温度相应的毫伏值，热电偶的热电势与定值器给出的毫伏值进行比较，如有偏差，则炉温偏离设定值。此偏差经过放大后送入 PID 调节器，再经可控硅触发器推动可控硅执行器，从而调整炉丝加热功率，消除偏差，使炉温保持在所要求的温度控制精度范围内。比例调节作用，就是要求输出电压能随偏差（炉温与设定温度之差）电压的变化，自动按比例增加或减少，但当体系温度达到设定值时，偏差为零，加热电流也降为零，不能补偿体系与环境之间的热损耗，要使被控对象的温度在设定温度处稳定下来，必须使加热器继续给出一定热量，补偿体系与环境热交换产生的热量损耗。因此除了"比例调节"之外还需加"积分调节"和"微分调节"，积分调节就是使输出控制电压与偏差信号电压与时间的积分成正比，经过前期偏差信号的累计，使得偏差信号变得极小时仍能产生一个相当的加热电流。微分调节是使输出控制电压与偏差信号电压的变化速率成正比，而与偏差电压的大小无关。如果偏差电压发生突然变化，微分调节器会减小或增大输出电压，以克服由此而引起的温度偏差，保持被控对象的温度稳定。

3.2　真空技术

真空技术是一门理论与实验结合得十分紧密的学科。近半个世纪以来，真空技术随着科学的发展得到了相当广泛的应用。近代尖端科学技术领域，如高能粒子加速器、空间技术、表面科学、薄膜技术等方面，真空技术也占有一席之地；工业技术领域，如冶金、喷镀、半导体材料、电子、航空、化工、纺织、医疗、食品等以及人们的日常生活都离不开真空和真空技术。目前，这门学科已经成为一门必不可少的基础学科。

真空是指充有低于一个大气压的气体的给定空间，即在给定空间内，分子密度小于约 2.5×10^{19} 分子数/cm^3。真空具有以下特点：真空的压强低于一个大气压，故真空容器表面承受着大气压的压力作用，压力的大小由容器内外压强差决定；真空中气体较稀薄，故分子之间或分子与其他粒子（如电子、离子）之间的碰撞频率较低，在一定时间内气体分子与容器表面的碰撞次数也相应较少。真空以上特点，被广泛应用于工业生产以及科学研究的各个领域。

真空技术是研究真空这个特殊空间内的气体状态，涉及的内容有：真空物理、真空的获得、测量、检漏，以及真空系统的设计和计算等。本附录的目的是使学生了解真空技术的基本知识，掌握高真空的获得、测量和检漏的基本原理及方法。

3.2.1　实验原理

（1）真空及真空区域的划分
真空高低的程度是用真空度这个物理量来衡量的，即用真空度来描述气体的稀薄程度。

分子密度，即容器中单位体积的分子数。分子密度越小，真空度越高。但由于气体密度这个物理量不易度量，真空度的高低便常以相同温度下气体的压强来表示，所以真空度的单位也就是压强的单位。相同温度下，气体压强 p 越高，分子密度就越大，真空度就越低；相反，气体压强 p 越低，分子密度就越小，真空度也就越高。真空度的国际单位是 Pa，它与另一常用的压强单位托（Torr）的换算关系为：$1Torr=133.3Pa$。

通常按照气体空间的物理特性，常用真空泵和真空规的有效使用范围以及真空技术应用特点，将真空定性地划分为如下几个区段（这种划分并非唯一）：

粗真空　$<10^5 \sim 10^3 Pa$

低真空　$<10^3 \sim 10^{-1} Pa$

高真空　$<10^{-1} \sim 10^{-6} Pa$

超高真空　$<10^{-6} \sim 10^{-10} Pa$

极高真空　$<10^{-10} Pa$

就物理现象而言，粗真空以分子相互碰撞为主；低真空中分子相互碰撞和分子与器壁碰撞不相上下；但高真空时主要是分子与器壁碰撞；超高真空下分子碰撞器壁的次数减少而形成一个单分子层的时间已达到数分钟以上；极高真空时分子数目极少，以致统计涨落现象比较严重（大于 5%），经典统计规律产生了偏差。

真空区域的划分方法较多。例如，还可以根据气体分子彼此碰撞、气体分子和器壁碰撞的情况，按气体分子平均自由程 l 与容器的直径 d 的比值来划分，即

低真空：$\dfrac{l}{d} < 1$　　中等真空：$\dfrac{l}{d} \approx 1$　　高真空：$\dfrac{l}{d} > 1$

（2）真空的获得

各级真空均可通过各种真空泵来获得。目前，真空泵可分为外排型和内吸型两种。外排型是指将气体排出泵体之外，如旋片式机械泵、扩散泵和分子泵等；内吸型是指将气体吸附在泵体之内的某一固定表面上，如吸附泵、冷凝泵和离子泵等。不管是外排型还是内吸型，都不可能在整个真空范围内工作，有些泵可以直接从大气压下开始工作，但极限真空度都不太高，如机械泵和吸附泵，通常这类泵用作前级泵；而有些泵则只能在一定的预备真空条件下才能开始正常工作，如扩散泵、离子泵等，这类泵需要前级泵配合，可以作为高真空泵。

常用的获得低真空的方法是采用机械泵。机械泵是运用机械方法不断地改变泵内吸气空腔的容积，使被抽容器内气体的体积不断膨胀从而获得真空的泵。机械泵的种类很多，目前常用的是旋片式机械泵。

图 3-2-1 是旋片式机械泵的结构示意图，它是由一个定子和一个偏心转子构成。定子为圆柱形空腔，空腔上装着进气管和出气阀门，转子顶端保持与空腔壁相接触，转子上开有两个槽，槽内安放两个刮板，刮板间有一弹簧，当转子旋转时，两刮板的顶端始终沿着空腔的内壁滑动，整个空腔放置在油箱内。

工作时，转子带着旋片不断旋转，就有气体不断排出，完成抽气作用。旋片旋转时的几个典型位置如图 3-2-2 所示。当刮板 A 通过进气口［如图 3-2-2（a）所示的位置］时开始吸气，随着刮板 A 的运动，吸气空间不断增大，到图 3-2-2（b）所示位置时达到最大。刮板继续运动，当刮板 A 运动到如图 3-2-2（c）所示位置时，开始压缩气体，压缩到压强大于一个大气压时，排气阀门自动打开，气体被排到大气中，如图 3-2-2（d）所示。之后就进入下一个循环。

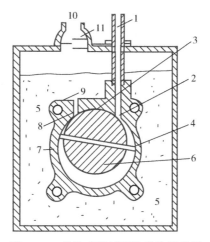

图 3-2-1　旋片式机械泵的结构示意图

1—进气管；2—进气口；3—顶部密封；4—刮板；5—油；6—转子；

7—定子；8—排气口；9—排气阀；10—排气口；11—挡油板

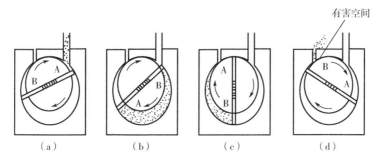

图 3-2-2　旋片旋转时的几个典型位置

蒸气压较低而又有一定黏度的机械泵油的作用是作密封填隙，以保证吸气和排气空腔不漏气，另外还起到润滑和帮助在气体压强较低时打开阀门的作用。

显然，转子转速越快，则抽速越大。若令最大吸气空腔的体积为 V_{max}（L），转子的转速为 ω（r/s），则泵的几何抽速为

$$S_{max}=2\omega V_{max}\text{（L/s）} \tag{3-2-1}$$

上式给出的是理想抽速，实际并不能达到。究其原因，是因为在排气阀门和转子与定子空腔接触处有一个"死角"，如图 3-2-2（d）所示，此空间的气体是刮板排不出去的，称为"有害空间"或"极限空间"。有害空间的存在不仅影响了泵的极限压强 p_μ，也影响到泵的抽速 S。设有害空间的体积为 V_{min}、压强为 p_d，系统压强为 p，则有：

$$p_\mu=\alpha p_d V_{min}/V_{max} \tag{3-2-2}$$

$$S=S_{max}\left(1-p_\mu/p\right) \tag{3-2-3}$$

其中 α 是小于 1 的系数。通常机械泵的极限压强为 $1.333\sim1.333\times10^{-2}$Pa。

最早用来获得高真空的泵是扩散泵，目前依然广泛使用。它是利用气体扩散现象来抽气的，通常根据结构材料不同可分为玻璃油扩散泵和金属油扩散泵两类。图 3-2-3 是玻璃油扩散

泵的剖面图。泵的底部是装有真空泵油的蒸发器，真空泵油经泵外的电炉加热沸腾后，产生通过一定的油蒸气，其压强约为 13.33Pa。蒸气沿着蒸气导流管传输到上部，经由三级伞形喷口向下喷出，为了防止泵油在高温下被氧化失效，并降低气化点使之容易沸腾，油扩散泵必须在被前级泵抽至预备真空（压强约在 1.333～0.333Pa 或以下）状态下才能开始加热。所以，喷口外面的压强较油蒸气压低，于是便形成一股向出口方向运动的高速蒸气流，使之具有很好的运载气体分子的能力。气体分子由于热运动扩散进入射流，与油分子碰撞。由于油分子的相对分子质量大，碰撞的结果是油分子把动量转移给气体分子，油分子速度慢下来，而气体分子获得向下运动的动量后便迅速往下飞去。并且，在射流的界面内，气体分

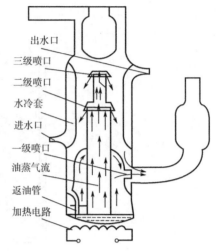

图 3-2-3　玻璃油扩散泵剖面图

子不可能长期滞留，因而界面内气体分子浓度较小，由于这个浓度差，使被抽气体分子得以源源不断的扩散进入蒸气流而逐级带至出口，并被前级泵抽走，慢下来的蒸气流在向下运动的过程中碰到水冷的泵壁，油分子就被冷凝下来，沿着泵壁流回蒸发器继续循环使用。冷阱的作用是减少油蒸气分子进入被抽容器。

油扩散泵的极限真空度主要取决于油蒸气压和反扩散两部分，目前一般能达到 1.333×10^{-5}～1.333×10^{-7}Pa。

3.2.2　真空测量

真空测量就是测量系统在低气压下气体所具有的压力，一般用真空规来测量。常用的真空规有 U 形水银压力计，麦氏真空规，热偶真空规和电真空规等。以下简要介绍前两种真空规。

（1）麦克劳（麦氏）真空规

麦氏（McLeod）真空规的构造如图 3-2-4 所示。众所周知，低压下气体服从理想气体状态方程式，$pV=nRT$，其中 p、V、T 和 n 分别表示气体的压力、体积、温度和物质的量；R 为气体常数，其值为 8.314J/(mol·K)。在测量过程中，由于真空中气压低，测量缓慢，可以假定温度基本维持恒定不变。因此，若将真空规系统中一定量的残余气体加以压缩，比较压缩前后体积、压力的变化，即可算出待测系统的真空度。

具体测量原理如下。①调平衡。缓缓启开活塞 A，使真空规与被测真空系统相通。达到平衡时，真空规中气体的压力将和被测系统的气体压力相等。如果待测系统中气体的压力比真空规中气体的压力低，汞槽中的汞

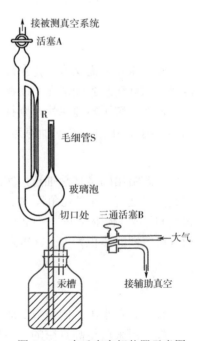

图 3-2-4　麦氏真空规装置示意图

柱就会上升，可能还会进入玻璃泡内。为了不让汞槽中的汞柱上升，这时将三通活塞 B 开向辅助真空，并对储汞槽抽真空。待玻璃泡和闭口毛细管 S 中的气体压力与被测系统的压力达到稳定平衡后，便可进入下一步。②测量。将三通活塞小心缓慢地开向大气。为防止空气瞬间大量冲入，可以将三通活塞 B 通过一根毛细管和空气相接。接通后，汞槽中的汞柱缓慢上升。当汞面上升到切口处时，玻璃泡和毛细管 S 即形成一个封闭体系，其体积是事先标定过的。让汞面继续上升，封闭体系中的气体将不断被压缩，压力也不断增大，最后气体被压缩到闭口毛细管 S 内。与此同时，汞柱也通过左面的玻璃管进入到毛细管 R 中。开始时，毛细管 R 内的气体压力和玻璃泡内的气体压力相等。经过压缩后，玻璃泡内毛细管 S 中气体的压力将大于毛细管 R 内气体的压力。因此，毛细管 R 中汞柱的高度将高于玻璃泡内毛细管 S 中汞柱的高度，记汞柱高度差为 h。如果气体在泡内毛细管 S 中的体积已知，根据理想气体状态方程式就可算出相应气体的压力，记为 p_0。由于被测真空系统的压力 p 等于毛细管 R 内的气体压力，它可由下式直接算出

$$p = p_0 - \rho g h$$

式中，ρ 为汞的密度；g 为重力加速度。

通常，麦氏真空规的量程范围为 $10 \sim 10^{-4}$ Pa。如果气体在压缩时发生凝聚，则不能用麦氏真空规测其压力。这是麦氏真空规的缺点。

（2）热偶真空规和电离真空规

热偶真空规是利用低压时气体的导热能力与压力成正比的关系制成的真空测量仪。热偶真空规的量程为 $10 \sim 10^{-1}$ Pa。电离真空规是一支特殊的三级电离真空管。在特定的条件下，利用正离子流与压力的关系，来测量被测系统的真空度。电离真空规的量程是 $10^{-1} \sim 10^{-6}$ Pa。在商用真空规中，常将这两种真空规组合成复合真空计，其量程范围扩展至 $10 \sim 10^{-6}$ Pa。

3.2.3 真空检漏

（1）真空泵的使用

扩散泵启动前，需先用机械泵将系统抽至低真空。然后接通冷却水，再接通电炉，将硅油逐步加热，缓缓升温，直至硅油沸腾并正常回流为止。为了避免硅油被氧化，在使用扩散泵时，注意要防止氧气或空气进入泵内。停止使用扩散泵时，应先关闭电炉的电源，待硅油停止回流时，再关闭冷却水。然后关闭扩散泵前后真空活塞，最后关闭机械电源。

（2）真空系统的检漏

一般采用高频火花真空检漏仪来进行低真空系统的检漏。它是利用低压力（$10^2 \sim 10^{-1}$ Pa）下气体在高频电场中，发生感应放电时所产生的不同颜色，来检验被检真空系统是否漏气。使用时，按住开关，放电簧端应看到紫色火花，并听到类似的蝉鸣响声。将放电簧移近任何金属时，应产生至少三条火花线，长度大于 20mm。火花线的条数和长度可以通过调节仪器外壳上面的旋钮来加以改变。火花正常后，可将放电簧对准真空系统的玻璃壁。如果系统的真空度小于 10^{-1} Pa 或大于 10^3 Pa，则紫色火花不能穿过玻璃壁进入被检真空系统。如果系统的真空度在 $10^{-1} \sim 10^3$ Pa 之间，则紫色火花能穿过玻璃进入被检真空系统，并产生辉光。当玻璃真空系统上有微小的沙孔漏洞时，由于漏洞处大气的电导率比绝缘玻璃的电导率高很多，因此当高频火花真空检漏仪的放电簧靠近漏洞时，会产生明亮的光点。根据观察到的光点就可发现漏洞的位置。

以下具体介绍检漏过程。首先启动机械泵，并将真空系统压力抽至 10～1Pa。这时用高频火花检漏仪检查系统，可以看到红色的辉光放电、蓝白色的辉光放电、直至极蓝的荧光。它们分别对应于不同的真空度。关闭机械泵和被检系统连接的活塞。10min 后再用高频火花检漏仪检查，若放电颜色和 10min 前的放电颜色不相同，则表示系统可能漏气。可用高频火花检漏仪采用分段检查的方式仔细检查，如发现有明亮的光点，则表明该处就是漏点。漏气一般发生在玻璃结合处、弯头处或活塞处，可重点检查这些地方。

需要注意的是，在使用高频火花检漏仪时，不要让检漏仪在一处停留过久。否则，检漏仪本身也会损伤玻璃。另外，高频火花检漏仪也不能用于金属真空系统的检漏以及玻璃真空系统上铁夹附件的检漏。针对这类情况，可在系统表面逐步涂抹丙酮、甲醇或肥皂液，当这些涂抹液进入漏洞时，系统漏气速率会减少，据此可以找到漏孔。

一般来说，沙孔漏洞可用真空泥封堵，较大的漏洞则需要重新焊接。

3.2.4 真空计

真空计是用于测量低于大气压的稀薄气体总压力的仪表，又称真空规。真空计的测量单位沿用压力测量单位，压力的国际单位为帕（Pa），曾使用的单位还有托（Torr）和毫巴（mbar）等。

真空计可分为绝对真空计和相对真空计两大类。凡能从其本身测得的物理量（如液柱高度、工作液、密度等）直接计算出气体压力的称绝对真空计，这种真空计测量精度较高，主要用作基准量具。相对真空计主要利用气体在低压力下的某些物理特性（如热传导、电离、黏滞性和应变等）与压力的关系间接测量，其测量精度较低，而且测量结果还与被测气体种类和成分有关。因此相对真空计必须用绝对真空计标定和校准后方能用作真空测量。但它能直接读出被测压力，使用方便，在实际应用中占绝大多数。

真空技术需要测量的压力范围为 10^5～10^{-11}Pa，甚至更小，宽达 16 个数量级以上，尚无一种真空计能适用于从粗真空（10^5～10^2Pa）、低真空（10^2～10^{-1}Pa）、高真空（10^{-1}～10^{-5}Pa）、超高真空（小于 10^{-5}Pa）到极高真空（小于 10^{-10}Pa）的全范围测量，因而有多种真空计。最常用的有 U 形管真空计、压缩式真空计、电阻真空计和冷热阴极电离真空计等。

U 形管真空计是用来测量粗真空和低真空的绝对真空计。在 U 字形的玻璃管中充以工作液（低蒸气压的油、汞）。管的一端被抽成真空（或直接通大气），另一端接被测真空系统。根据两边管中的压差所造成的液柱差可测出被测真空系统的压力。实验采用 DPC-2B/2C 型数字式低压真空测压仪，该仪器可取代水银 U 形管压力计，可用于"饱和蒸气压测定"等实验，无汞污染，安全可靠。

（1）主要技术参数

① 电源电压：200～240V，50Hz。

② 环境温度：-20～+40℃。

③ 量程：-101.3～0kPa（DPC-2B）；-101.3～0kPa（DPC-2C）。

④ 显示：4 位半（DPC-2C）。

⑤ 分辨率：0.1kPa（DPC-2B）；0.01kPa（DPC-2C）。

⑥ 精确度：0.1%。

（2）仪器工作原理

选用精密差压传感器，将被测系统的压力信号转换为电信号。此微弱信号经过低漂移、高精度的集成运算放大器放大后，再由 14Bit 的 A/D 转换成数字信号。仪器的核心为 Intel8951 单片机芯片，同时可与 PC 机接口。仪器的数字显示采用高亮度 LED，字形清楚，亮度高。

（3）仪器结构

仪器的前面和背面如图 3-2-5 和图 3-2-6 所示。

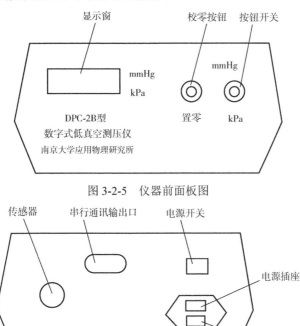

图 3-2-5 仪器前面板图

图 3-2-6 仪器后面板图

（4）操作步骤及使用方法

① 将传感器的吸气孔用橡皮管接入系统。

② 打开仪器背面的电源开关，15min 后将系统接入大气，表头显示数据即气压值，按下校零按钮，使面板显示值为"−0000"。

③ 前面板上按钮开关拨到"kPa"，表头显示气压的单位为"kPa"值；拨到"mmHg"时，表头显示气压的单位为"mmHg"值。

（5）仪器的维护与保养

① 不要将仪器放置在有强磁场干扰的区域内。

② 不要将仪器放置在通风的环境中，尽量保持仪器附近的气流稳定。

③ 压力传感器输入口不能进水或其他杂物。仪器上面请勿堆放其他物品。

④ 测量前按下前面板的校零按钮校零，测量过程中不可轻易校零。

⑤ 避免系统中气压有急剧变化，否则会缩短传感器的使用寿命。

⑥ 请勿带电打开仪器盖板。

3.3 ZP-BHY 饱和蒸气压测定装置

ZP-BHY 饱和蒸气压测定装置用于测定液体的饱和蒸气压，广泛应用于化学、化工、冶金、医药、环境工程等领域。该蒸气压测定装置见图 3-3-1，具有真空系统、稳压、调压、水槽控温系统。

（1）真空系统

内置免维护真空泵，真空压（相对压）范围：$0 \sim 98.00\text{kPa}$；分辨率：0.01kPa；泵流量：$0.75\text{L} \cdot \text{min}^{-1}$；工作电压：220V，0.1A。

（2）调压、稳压系统

内置调压、稳压平衡罐，调压阀、放气阀均采用精密针芯阀，微调精度达 0.01kPa。

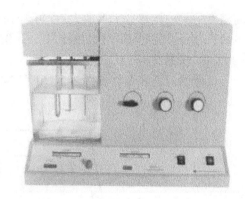

图 3-3-1　ZP-BHY 饱和蒸气压测定装置

（3）低真空测压系统

测压范围：$0 \sim 101.33\text{kPa}$；分辨率：0.01kPa。

（4）水槽控温系统

不锈钢加热器，功率 1000W；测温、控温范围：室温～100℃；精度：±0.02℃。

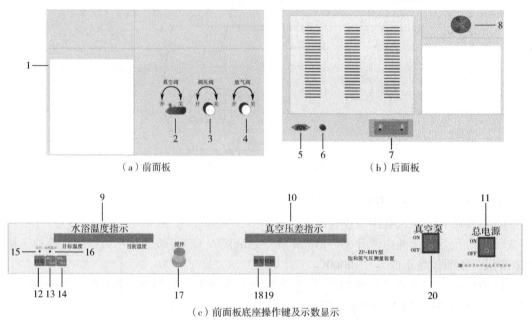

（a）前面板　　　　　　　　　　　（b）后面板

（c）前面板底座操作键及示数显示

图 3-3-2　ZP-BHY 饱和蒸气压测量装置面板

1—玻璃方缸；2—真空阀；3—调压阀；4—放气阀；5—电源插座；6—保险丝盒；7—循环水嘴；8—风扇；

9—水浴温度显示窗口；10—真空压显示窗；11—总电源开关；12—水浴目标温度设置键；13—移位加热复用键；

14—增加停止复用键；15—运行指示灯；16—加热指示灯；17—水浴调速旋钮；18—真空压差置零键；

19—压差显示切换键；　20—真空泵电源开关

仪器的前面板见图 3-3-2（a），从左到右依次是恒温水浴，用于调节实验温度；2 真空阀连通真空泵，提供实验需要的负压；3 调压阀、4 放气阀用于共同调节平衡管 c 管上方压力。仪器的后面板见图 3-3-2（b），依次是电源、保险丝盒、循环水嘴和风扇。

仪器前面板的操作键及示数显示见图 3-3-2（c），操作键 12、13、14 用于设定并控制恒温水浴的温度，开始或停止加热，水浴温度的示数显示在 9 水浴温度显示窗口；15、16 则是水浴加热和运行的指示灯；旋钮 17 用于调整水浴的搅拌速度，实验过程中搅拌速度不宜太快，以免热水溅出烫伤；键 18、19 分别用于联通大气压后系统的置零及切换压力显示单位；11 是总电源开关；20 是真空泵开关键。

　　ZP-BHY 饱和蒸气压测定装置是集成化的设备，其内部气路连通和压力调节见图 2-1-1。打开真空泵电源开关及真空泵阀，真空泵就可以为储气罐提供一定的负压环境。储气罐通过调压阀与压力平衡腔连接，压力平衡腔在测定中具有重要作用，它除了连接平衡管外，还通过调压阀与储气罐连接，并通过进气阀与大气连通。这样通过调压阀和进气阀的共同调节就可以改变 c 管上方压力，使平衡管 b，c 管液面相平。可以通过压差显示屏读出当前系统内蒸气压与外压的差值，并计算得出当前温度下液体的饱和蒸气压。

3.4　FPD-4A型凝固点测定装置

（1）仪器概述

　　FPD-4A 型凝固点测定装置具有独特金属冷浴设计，避免了传统的液体冷浴（主要是水加冰），由于有液体自身凝固点的不足导致有温度下限的问题。使用寿命长，无污染，无噪声，体积小，制冷速度快，冷却温度随意设定，液晶大屏显示控温精度高，测定管夹套设计恒温效果好，冰花产生均匀。克服了操作难度大，数据读准难，重复性差，噪音大，实验结果误差大。实现了控制、读数自动化，减小了人为误差，实验结果重现性好。不仅用于实验教学，也能满足科研工作需要。

（2）原理

　　设备冷浴装置采用测定管外侧嵌套有金属冷浴杯设计，金属冷浴杯外侧包覆有半导体制冷片，半导体制冷片上设有散热器，金属冷浴外层设有保温材料。使得测试系统可以用来测试凝固点较低的样品。

（3）主要技术指标

　　温度分辨率：0.001℃。

　　制冷工作电压：0～12V。

　　工作电流：−15～15A。

　　电源电压 220V± 10%，50Hz。

　　制冷功率调节范围：0～150W。

　　冷浴温度控制范围：−25～10℃。

　　温度测量范围：−50～+180℃。

　　辅助温度分辨率：0.01℃。

（4）仪器结构

　　图 3-4-1 是 FPD-4A 型凝固点测定装置的实物图，图 3-4-2 是装置内部结构示意图，图 3-4-3 是 FPD-4A 型凝固点测定装置显示屏。FPD-4A 型凝固点降低测定仪由冷冻室、半导体制冷元件、温差数据采集系统、制冷温度采集系统、磁力搅拌器及供电电源等 6 部分构成。

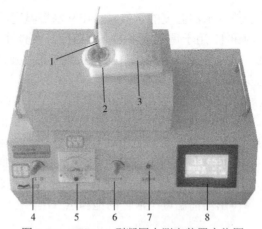

图 3-4-1 FPD-4A 型凝固点测定装置实物图

1—温度传感器；2—制冷室；3—搅拌电机；4—磁力搅拌旋钮；5—功率指示电压表；

6—制冷功率调节旋钮；7—倒计时设置按钮；8—显示屏

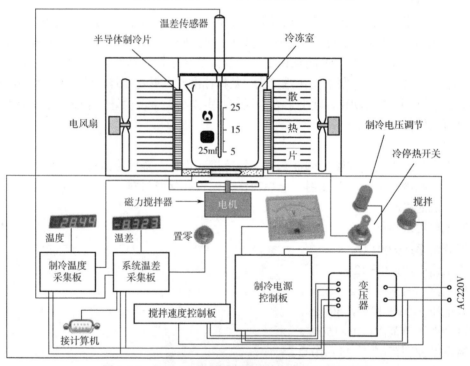

图 3-4-2 FPD-4A 型凝固点测定装置内部结构示意图

图 3-4-3 FPD-4A 型凝固点测定装置显示屏

1—试剂当前温度；2—当前制冷室温度；3—倒计时显示；4—倒计时结束后样品温度

（5）操作步骤

① 将实验样品瓶洗干净并干燥处理。

② 检查测温探头，清洗测温探头并用滤纸擦干。

③ 仪器开机预热，按动倒计时调节按钮，设置倒计时间为 30s。

④ 在样品瓶管中加入待测溶剂（本实验溶剂为去离子水），旋紧样品瓶盖，放入制冷室。

⑤ 将温度传感器插入样品瓶导向孔内，将搅拌杆与搅拌电机连接，打开垂直搅拌电机开关，开始实验。

⑥ 待样品温度稳定，显示温度即为所测溶剂的凝固点，记录数值。实验完毕关闭垂直搅拌电机，取出样品瓶，室温放置使瓶中固体完全熔化。

⑦ 在样品瓶中加入溶质（本实验为蔗糖），搅拌至完全溶解后，旋紧样品瓶盖，放入制冷室，重复操作步骤⑤、⑥，记录溶液的凝固点。

⑧ 实验完毕，将溶液倒入回收瓶，清洗温度传感器和样品瓶，关闭搅拌电机和凝固点仪器电源开关。

3.5　JX-3D8 金属相图实验装置

（1）仪器概述

JX-3D8 型金属相图实验装置采用一体化设计，将控温仪和加热炉集成一体，将样品封装成品，使用方便可靠。实验装置设置为 8 通道测量系统，可同时测量 8 个样品，实验装置采用智能控温（加热、保温功率可预设，加热温度上限可调），能有效防止温度过冲问题。装置采用立式加热炉，有独立的加热和冷却系统，可 8 个样品同时加热或风冷。8 个样品可以分 4 组，1～2、3～4、5～6、7～8，选择其中任意一组或多组测量。液晶屏可同时显示 8 个通道的温度，同时绘制 8 组步冷曲线。

JX-3D8 型金属相图实验装置，配备了 8 个样品，包含纯铅（1#）、单相固溶体合金（11#）、亚共晶合金（2#，21#，31#）、共晶合金（4#）、过共晶合金（5#）、纯锡（6#），具体组成和编号见表 3-5-1。

表 3-5-1　JX-3D8 型金属相图实验装置配置样品

序号	1	2	3	4	5	6	7	8
样品编号	1#	11#	2#	21#	31#	4#	5#	6#
Pb（质量分数）/%	100	85	80	70	55	38.1	20	0
Sn（质量分数）/%	0	15	20	30	45	61.9	80	100

（2）技术指标

测温范围：室温～1200℃。

分辨率：0.1℃。

最大加热功率：2000W（JX-3D8）八通道。

最大保温功率：50W。

定时提示时间：0～99s 内可调。

升温速率：0～50℃/min 可调。

加热选择：2 路/4 路/6 路/8 路。

测量选择：1～8 路任意。

显示：8 通道液晶全部显示。

不锈钢样品管：不锈钢 304 材料，尺寸不小于 $\phi25×190mm$，壁厚不小于 2mm。

（3）操作说明

JX-3D8 型金属相图实验装置如图 3-5-1（a）所示。其中仪器右侧为电源开关，上部为 8 只可更换的测试样品，中间为设置按键和显示屏幕，下部为加热通道开关和风扇开关。

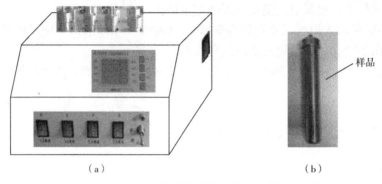

（a）　　　　　　　　　　（b）

图 3-5-1　JX-3D8 型金属相图实验装置及样品示意图

① 样品。JX-3D8 型金属相图实验装置的样品如图 3-5-1，为封装好的固定样品。实验装置配备了 8 个样品，包含纯铅（1#）/单相固溶体合金（11#）、亚共晶合金（2#，21#，31#）、共晶合金（4#）、过共晶合金（5#）、纯锡（6#），具体组成和编号见表 3-5-1，样品编号刻在样品顶盖上。

② 显示屏和设置按键。如图 3-5-2，左侧为显示屏，在设置阶段可以显示不同的设置参数，测试过程同时显示 8 个通道的温度变化。图 3-5-2 右侧位四组设置按键"设置/确定""加热/+1""保温/−1""停止/×10"键。

图 3-5-2　JX-3D8 型相图实验装置按键和显示屏

③ 参数设置。

a. 插好电源插头，打开金属相图测量装置电源开关。

b. 按"设置"键进入参数设置状态。屏幕显示"目标""加热""保温"三个参数。其中"目标"参数为加热设定温度，按"＋1""−1"键可调节设定温度，按"×10"键会改变温度 10 倍，超过 600℃归 0 重调。具体设定温度的确定要先依据标准相图，从相图查出对应合金完全熔化温度（该组成与液相线对应的温度），按高于该值 30℃设定温度，鉴于 JX-3D8 金属相图测量装置可以同时测量 8 个样品，需要设定为 8 个样品中完全熔化温度最高的样品熔化温度+30℃。

c. 设置好目标温度后，按"确定"键可以选择"加热"参数继续设定。

d. "加热"参数为加热功率，最高 250W，可通过"+1""−1""×10"三键调节，超过

250W 归 0，可以重新调节。设置好加热参数后，按"确定"键可以选择"保温"参数继续设定。

e. "保温"参数为保温功率，加热到设定温度后，仪器会以该功率保温。默认 30W，最高 50W，可通过"+1""−1""×10"三键调节。

f. 参数设置完成后按"确定"键返回测量状态。

④ 测量。

a. 参数设定完成后，按"加热"键仪器进入加热状态，到设定温度自动停止。中途需要停止加热时可以按"停止"键停止仪器加热。通过开、关仪器不同加热通道开关可以分别加热对应样品，开关亮或闪烁代表对应通道正在加热。

b. 温度加热到设定温度后，按下"保温"键可进入到保温状态，减缓降温速度。保温状态下按"停止"键可以停止保温加热。需要注意整个降温过程需要状态一致。

c. 降温过程可以利用风扇加快降温速度，风扇开关拨至"慢"说明打开了风扇，散热加快，开关拨至"快"散热更快，停止风扇需要将风扇开关拨至"关"。同保温条件一样整个降温过程需要状态一致。

d. 降温过程中，每隔 30s 记录各个样品的温度数据，直到测定样品不再产生相变后记录 10 个数据。样品最终相变温度与组成相关，可以从标准相图上，根据样品组成与相界线的交点判断样品最终相变大概温度，降温应到该相变点温度以下。

⑤ 保温和风扇。

a. 慢速降温能使相图更加精确，如果确定测量过程保温，需要在降温初期即按下"保温"键，并保持整个降温过程。中途改变保温状态会使步冷曲线出现额外拐点。

b. 利用风扇可以加快降温速度，节省实验时间。风扇开关拨至"慢"打开风扇，散热加快，开关拨至"快"散热更快，停止风扇需要将风扇开关拨至"关"。同保温条件一样整个降温过程需要状态一致。

3.6 P810 自动旋光仪

（1）仪器概述

旋光仪是测定物质旋光度的仪器。通过对物质旋光度的测定，可以分析确定物质的浓度、含量及纯度等，广泛应用于医药、石油、食品、化工、香料、制糖等行业。P810 型自动旋光仪采用光电自动平衡原理进行旋光测量，测量结果由数字显示，它具有稳定可靠、灵敏度高、读数方便、体积小等优点。

（2）工作条件

① 电源：220V（AC ± 10%）；50Hz。

② 温度：操作环境 10～35℃，标准温度为 20℃ ± 5℃。

③ 实验室内的相对湿度一般应保持在 50%～70%。

④ 实验室的噪声、防震、防尘、防腐蚀、防磁与屏蔽等方面的环境条件应符合在室内开展检定项目的检定规程和计量标准器具及计量检测仪器设备对环境条件的要求，室内采光应利于检定工作和计量检测工作的进行。

（3）功能参数

① 5.6 英寸彩色触摸屏，WINDOWS 界面软件。

② 光源：高亮度 LED 光源。

③ 可选测量模式：旋光度、比旋光度、糖度、浓度。

④ 可自动存储 1000 组数据信息。

⑤ 测量范围：±89.99°（旋光度）。

⑥ 测量精度：±0.01（−45°≤旋光度≤+45°），±0.02（旋光度<−45°或旋光度>+45°）。

⑦ 分辨率：0.001°（旋光度）。

⑧ 重复性（标准偏差 s）：0.002°（旋光度）。

⑨ 可测样品最低透过率：1%。

⑩ 工作波长：589.3nm（钠 D 光谱）。

（4）仪器的结构及原理

① 旋光现象和旋光度。一般光源发出的光，其光波在垂直于传播方向的一切方向上振动，这种光称为自然光，或称非偏振光；而只在一个方向上有振动的光称为平面偏振光。当一束平面偏振光通过某些物质时，其振动方向会发生改变，此时光的振动面旋转一定的角度，这种现象称为物质的旋光现象，这种物质称为旋光物质。旋光物质使偏振光振动面旋转的角度称为旋光度。P810 型自动旋光仪就是利用旋光物质的旋光性设计的。

② 仪器结构及原理。图 3-6-1 是仪器的结构框图。发光二极管发出的光依次通过光阑、聚光镜、起偏器、法拉第调制器、准直镜，形成一束振动面随法拉第线圈中交变电压而变化的准直的平面偏振光，经过装有待测溶液的试管后射入检偏器，再经过接收物镜、滤色片、光阑、波长为 589.3nm 的单色光进入光电倍增管，光电倍增管将光强信号转变成电信号，并经前置放大器放大。自动高压是按照入射到光电倍增管的光强自动改变光电倍增管的高压，以适应测量透过率较低的深色样品的需要。

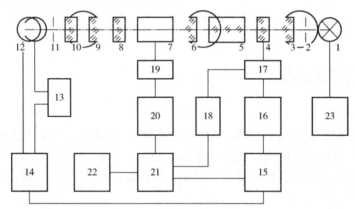

图 3-6-1   P810 自动旋光仪结构

1—发光二极管；2—光阑；3—聚光镜；4—起偏器；5—调制器；6—准直镜；7—试管；8—检偏器 9—物镜；

10—滤色片；11—光阑；12—光电倍增管；13—自动高压；14—前置放大；15—电机控制；16—伺服电机；

17—机械传动；18—旋转编码计数；19—加热制冷；20—温度控制；21—单片机控制；22—液晶显示；23—光源电源

若检偏器相对于射入的偏振光平面偏离正交位置，则通过频率为 f 的交变光强信号，经光电倍增管转换成频率 f 的电信号，此电信号经过前置放大后输入电机控制部分，再经选频、功放后驱动伺服电机通过机械传动带动起偏器转动，使起偏器产生的偏振光平面与检偏器到达正交位置，频率为 f 的电信号消失，伺服电机停转。仪器一开始正常工作，起偏器按照上述过程自动停在正交位置上，此时将计数器清零，定义为零位，若将装有旋光度为 α 的样品的试管放入样品室中时，入射的平面偏振光相对于检偏器偏离了正交位置 α 角，于是起偏器按照前述过程再次使偏振光转过 α 角获得新的正交位置。码盘计数器和单片机电路将起偏器转过的 α 角转换成旋光度并在液晶显示器上显示测量结果。

（5）仪器的操作方法

P810 型自动旋光仪如图 3-6-2 所示。

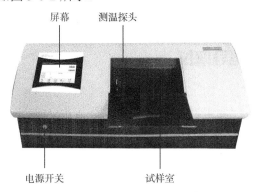

图 3-6-2　P810 型自动旋光仪

① 开机预热 30min，当前温度为样品室内温控探头检测到的环境温度。

② 机械调零：按下主界面"复测"键，仪器会自动检测数据。如不能正常回到"0.000"，点击"清零"进行机械调零。

③ 参数设置：点击主界面"参数"，设置测量次数、样品编号、所使用的旋光管长度。

④ 确定所用试管的空白数值：将装有去离子水的旋光管放入样品室，观察数据窗口的数据显示，该数据为试管的空白值，可以记录下或者按"清零"进行清除。

⑤ 取出旋光管，将里面的去离子水倒出，使用待测液润洗试管。

⑥ 装待测液：将待测液装入旋光管，按与测试空白数值相同的位置和方向放入样品室，盖好样品室的盖子，仪器会自动测量所设置的测量次数，显示屏上显示该样品旋光度的平均值。"−"为左旋，"+"为右旋。

⑦ 数据分析：点击主界面"复测"可以多测几组平均值，再次计算平均值，即为该样品的旋光度。

⑧ 如果是连续旋光度的测定，则需要间隔固定时间，按动复测键，待旋光度示数改变后，读取并记录数据，也可在实验结束后，点击显示屏"数据"触键查看数据。

⑨ 实验结束后，取出旋光管、将废液倒入废液桶、清洗旋光管、关闭仪器电源。

（6）测定比旋度、纯度或含量

① 测定比旋度、纯度。先按标准浓度配置好溶液，依法测出旋光度，然后按下列公式计算出比旋度（α）：

$$(\alpha) = \frac{\alpha}{Lc}$$

式中，α 为所测的旋光度，（°）；c 为溶液的浓度，g/mL；L 为试管中溶液的长度，dm。由测得的比旋度，可求得样品的纯度：

$$纯度 = \frac{实测比旋度}{理论比旋度} \times 100\%$$

② 测定含量或浓度。将已知纯度的标准样品或参照品按一定比例稀释成若干不同浓度的样品，分别测出其旋光度。然后以横轴为浓度，纵轴为旋光度，绘成旋光曲线。测定时，先测出样品的旋光度，从旋光曲线上查出该样品的含量或浓度。旋光曲线示意如图 3-6-3 所示。

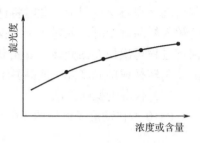

图 3-6-3　旋光曲线示意

3.7　DDS-307A 型电导率仪

（1）仪器概述

DDS-307A 型电导率仪（图 3-7-1）是一种使用面很广的常规分析仪器，它适用于实验室精确测量水溶液的电导率及温度，具有电导电极常数补偿功能，以及溶液的手动、自动温度补偿功能。仪器的技术参数如下：

当选用常数为 0.01 的电极时，测量范围为 0～2.000μS/cm；

当选用常数为 0.1 的电极时，测量范围为 0.2～20.000μS/cm；

当选用常数为 1.0 的电极时，测量范围为 2～10000μS/cm；

当选用常数为 10.0 的电极时，测量范围为 10～100.0mS/cm。

注意：当电导率≥20000μS/cm 时，一定要用常数为 10 的电极。

温度测量范围为 0～99.9℃，电导率基本误差为± 1.5%（FS）。

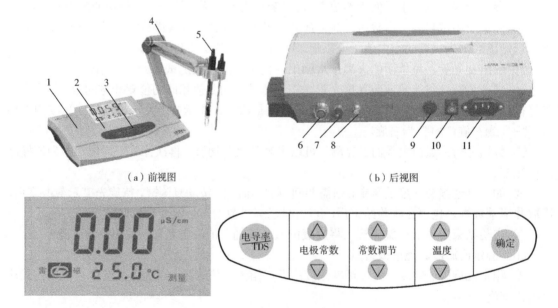

（a）前视图　　　　　　　　　　　　　　　（b）后视图

（c）显示屏和操作按键

图 3-7-1　DDS-307A 型电导率仪

1—机箱；2—键盘；3—显示屏；4—多功能电极架；5—电极；6—测量电极插座；

7—接地插座；8—温度电极插座；9—保险丝；10—电源开关；11—电源插座

（2）操作方法

若接入温度电极，则仪器显示窗下排数据为溶液当时的温度值，上排数据为所测溶液折算成25℃的电导率值，即进行了温度补偿；若不接温度电极也未设置温度，则下排显示25℃，并非溶液实际温度，上排数据是未经温度补偿的实际温度下的电导率值。

电源接通后，仪器插入电源后，按仪器开关（10），仪器进入测量状态，显示如图3-7-1（c），仪器预热30min后，可进行测量。在测量状态下，按"电导率/TDS"键可以切换显示电导率以及溶解性固体总量（total dissolved solids，TDS）。另外，"电导率/TDS"键还有一功能：在设置"温度""电极常数""常数调节"时，按此键退出功能模块，则返回测量状态。

仪器接上温度电极时，将温度电极放入溶液中，此仪器显示的温度数值为自动测量溶液的温度值，仪器自动进行温度补偿，不必进行温度设置操作；若未接温度电极，则测量液体的温度以后，按"温度"键设置当前的温度值，以获得温度补偿后的电导率；若断开温度电极，设置温度为25.0℃，此时仪器所显示的电导率值是未经温度补偿的绝对电导率值。

选择合适的电极进行测量，按"电极常数"和"常数调节"键进行电极常数的设置，操作如下。按"电极常数▽"或"电极常数△"，电极常数的显示在10、1、0.1、0.01之间转换，如果电导电极标贴的电极常数为"1.010"，则选择"1"并按"确定"键；再按"常数数值▽"或"常数数值△"，使常数数值显示"1.010"，按"确定"键，完成电极常数及数值的设置。若电导电极标贴的电极常数为"0.1010"，则按"电极常数▽"或"电极常数△"选择"0.1"并按"确定"键；再按"常数数值▽"或"常数数值△"，使常数数值显示"1.010"，按"确定"键，完成电极常数及数值的设置。仪器显示如图3-7-2，电极常数为上下二组数值的乘积。其他电极常数类似设置。若放弃设置，按"电导率/TDS"键，返回测量状态。

图3-7-2　设置电极常数时电导率仪的显示屏

设置完毕，按"电导率/TDS"键，显示屏如图3-7-1（c）在右下出现"测量"二字，仪器进入电导率测量状态。用蒸馏水清洗电极头部，再用被测溶液清洗一次，将温度电极（若采用温度传感器的话）、电导电极浸入被测溶液中，用玻璃棒搅拌溶液使溶液均匀，在显示屏上读取溶液的电导率值。

（3）注意事项

① 溶液的电导率与温度密切相关。电导率仪的温度补偿就是为了克服温度的影响，将溶液在实际温度下的电导率值转换为25℃下的数值，让溶液在不同温度下的电导率具有可比性，以满足统一监控标准或各场合比对的需求。仪器默认的温度系数为2.00%/℃。若溶液的温度系数与此不符，则不接温度探头也不设置温度，直接测量实际温度的电导率（仪器显示温度为25℃）。

② 电导电极使用前必须放入蒸馏水中浸泡数小时，经常使用的电导电极应放入（贮存）蒸馏水中。如果数据持续出错或不稳定，请进行保养维护。

③ 如果电导电极在标准溶液中工作正常但在样品中工作不正常，请检查样品中有无干扰

物质或电导池是否被机械损坏。

④ 铂黑系列电导电极的铂金片表面附着有疏松的铂黑层，在测量样品时有可能会吸附样品成分，在使用电极测量完毕后一定要冲洗电极。应避免任何物体与镀黑铂层碰触，只能用去离子水进行冲洗，否则会损坏铂黑层，导致电极测量不准确。

⑤ 若发觉铂黑系列电导电极使用性能下降，可依次使用无水乙醇和去离子水浸洗铂金片。

⑥ 电导电极在放置一段时间或使用一段时间后，其电极常数有可能发生变化，需要重新标定。

3.8 电位差计构造原理及电动势的测定方法

（1）电位差计构造原理

伏特计经常被用来测量电势，但其指示的电压是外电路的电压降，而不是电池的电动势（见图 3-8-1）。也就是说不能用伏特计来直接测量电池的电动势。因为电流回路中必须有适量的电流通过才能使伏特计显示，但电流会让电池发生化学反应，溶液浓度也会不断改变。另外伏特计也不可能排除电池本身内电阻的影响。

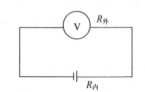

图 3-8-1　伏特计直接测量示意

电池的电动势与外电路、内电路电阻的关系可以用式（3-8-1）或式（3-8-2）表示：

$$E=IR_外+IR_内 \tag{3-8-1}$$
$$E=V+IR_内 \tag{3-8-2}$$

要测量电池电动势 E，必须设法使电池内电阻的电压降 $IR_内$ 等于零。而电池的内阻 $R_内$ 不能为零，则设法使测量回路中电流 $I=0$。这种测量直流电源电动势的方法称为对消法，其原理如图 3-8-2 所示。实验中在外电路上加一个方向相反且电动势几乎相同的电池，以对抗待测电池的电动势。电位差计由工作电流回路、标准回路和测量回路组成。工作电流回路也称为电源回路，包括工作电源、电阻 R、R_1 和 R_2。工作电流回路借助于调节电阻 R 来在补偿电阻 R_N 上产生一定的电压降。标准回路包括标准电池、补偿电阻 R_N 和检流计，其作用是校准工作电流回路以标定补偿电阻的电压降。测量回路包括待测电池、电阻 R_x 和检流计。

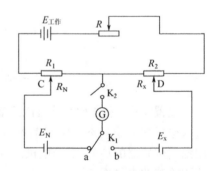

图 3-8-2　对消法测电动势示意

标准电池 E_N 与工作电池 $E_{工作}$ 反向并联。当电键 K_1 接到 a，调节滑动接点 C，使 R_N 指示为当前温度下标准电池的电动势数值，即电阻 R_N 是标准电池的补偿电阻。按下电键 K_2，调节可变电阻器 R，使检流计 G 无电流通过。此时标准电池的电势 E_N 与电阻 R 上的电压降相互补偿，所以

$$E_标=IR_N \tag{3-8-3}$$

式中，电流 I 是通过电阻 R_1、R_2 的标准电流，也称电位差计的工作电流。此步调节操作

称为电位差计的标准化操作过程。

电位差计测量电动势的操作必须在电位差计标准化以后。为保证电位差计工作电流 I 不变，测量时不能再调节可变电阻 R。将电键 K_1 指向 b，按下电键 K_2，调节可变电阻 R_2 滑动点 D 的位置，使检流计 G 中无电流通过。由于可变电阻 R_2 滑动点 D 位置的变化并不改变工作电路中电阻的大小，所以工作电流 I 保持不变。若此滑动点 D 调节电阻为 R_x 时，无电流通过检流计，则表明待测电动势 E_x 与电阻 R_x 上的电压降相互补偿，所以

$$E_x=IR_x \tag{3-8-4}$$

由于工作电流 I 没有变化，式（3-8-4）与式（3-8-3）相比可得

$$E_x=\frac{R_x}{R_N}E_N \tag{3-8-5}$$

若电阻的分度使用电压来表明，则可在电位差计上直接读出待测电动势 E_x 的大小。

由于标准电池的电动势 E_N 稳定并可精确测定，电阻 R_x 和 R_N 的精度也很高，所以只要用高灵敏度的检流计示零，就能准确测出待测电池的电动势。

（2）电位差计测量电动势的方法

因用途不同，电位差计的结构类型有很大区别。这里仅就实验室常用的 UJ-25 型加以介绍。

UJ-25 型电位差计面板如图 3-8-3 所示。

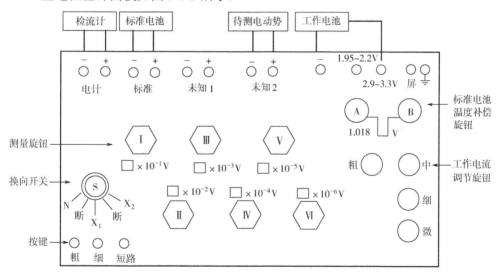

图 3-8-3　UJ-25 型电位差计面板

面板上换向开关 S 旋钮转向 N 相当于图 3-8-2 中按键 K_1 指向标准电池 $E_标$，左下角的"粗""细"和"短路"三个按键相当于图 3-8-2 中的 K_2。图 3-8-3 中右侧的"粗""中""细"和"微"旋钮是调节电位差计工作电流的可变电阻器，相当于图 3-8-2 中的电阻 R。A、B 是标准电池电动势数值的温度补偿器，根据实验温度下相应的标准电池电动势数值调节 A、B 为 1.018 后的两位数字。将 S 旋钮转向 X_1 或 X_2，依次调节测量旋钮直至检流计指针不再偏转，即可测出待测电池 X_1 或 X_2 的电动势值。

使用方法如下。

① 按图 3-8-2 所示连接好线路。除了电位差计接线柱外，其他均要求"+"接正极、"–"接负极。将检流计置于"220V"和"×0.1"档。

② 标准化操作。将换向开关 S 旋钮转向 N，调节 A、B 指示出标准电池电动势数值，间歇式按动 K 键的"粗"按钮，调节"粗"旋钮直到检流计偏转不大后，再继续间歇式按动"细"按钮，依次调节"中""细"旋钮直到检流计光点指示零点，即标准化完毕。注意在使用"粗"和"细"键时要采用间歇式按键，即一按即起，不能长时间按下。

③ 电动势的测量。根据线路连接情况将换向开关 S 旋钮转向 X_1 或 X_2，即若连接线路时待测电池连接在"未知 1"，则 S 旋钮转向 X_1；若待测电池连接在"未知 2"，则 S 旋钮转向 X_2。间歇按下 K 键的"粗"按钮，先调节旋钮 I，再调节旋钮 II，使检流计偏转最小，再间歇按动"细"按钮，并依次调节旋钮III、IV、V和VI，直至检流计光点指示零点。I～VI旋钮上的读数之和即为未知电池电动势的数值。

④ 实验完毕，将检流计的分流器开关置于"短路"档，电源开关指示为"6V"。将电位差计的换向开关 S 旋钮置于"断路"档，测量旋钮 I～VI均置零。

（3）注意事项

① 要正确连接电池的正负极，否则将损坏标准电池和检流计。

② 标准电池使用时不可倾倒、不可倒放，正负极不可接反。

③ 为保持电位差计工作电流 I 不变，电位差计标准化后，在测量电动势的过程中，可变电阻器"粗""中""细"和"微"各旋钮不能再转动。进行一段实验后可对仪器再进行一次标准化操作，以防止电位差计因工作电流变化给实验结果带来偏差。

④ 若发现检流计受到冲击，应迅速地间歇式按动"短路"键以保护检流计。

⑤ 测量过程中，"粗""细"和"短路"三个按键按下的时间应尽量短促，以防止电池被极化而偏离平衡状态。

3.9 CEL-LAB500E多位光催化反应仪

（1）仪器概述

CEL-LAB500 多位光催化反应器主要用于研究气相或液相介质、固定或流动体系、紫外光或模拟可见光照、以及反应容器是否负载 TiO_2 光催化剂等条件下的光化学反应。具有提供分析反应产物和自由基的样品、测定反应动力学常数、测定量子产率等功能，广泛应用于化学合成、环境保护以及生命科学等研究领域。

（2）产品特点

① 多个样品实验同时进行（6～12 位样品分析）/催化剂快速筛选/平行样品分析。

② 公转反应形式，内置磁力搅拌、内照式光源配合（双层石英冷阱）受光充分。

③ 配置滤光观察视窗，观察样品反应状态。

④ 光源控制器可调节电流控制光强强度。

⑤ 主机支持冷却水循环以避免光热高温。

⑥ 液压杆防护箱体便于仪器维护与样品更换。

⑦ 通过石英镀膜滤光片精确控制波长范围（紫外区/可见区）。

⑧ 搭配：氙灯/汞灯/（功率可选）。

（3）仪器结构

图 3-9-1 是 CEL-LAB500 光催化反应器图，主要包括汞灯光源，冷却水循环系统，反应试管以及磁力搅拌系统。

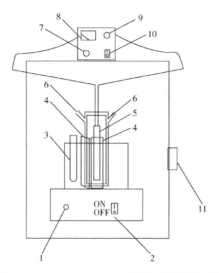

图 3-9-1 CEL-LAB500 光催化反应器示意图

1—搅拌调节旋钮；2—搅拌开关；3—反应试管；4—滤光片；5—光源；6—接冷凝水；7—光源发射开关；8—电流计；

9—电流调节旋钮；10—光源系统开关；11—光源、风扇、搅拌器开关

（4）操作规程

① 准备工作：连接电源。使用该仪器前首先把磁力搅拌器放入主机箱内，石英反应管（或反应容器）内放入磁子。之后检查所需要使用的汞灯（氙灯）、反应器以及冷却水循环装置是否连接好。

② 反应暗箱内设有磁力搅拌器和灯的电源接口，请按指示连接。

③ 打开箱体风扇后，开启系统磁力搅拌，稳定后，关闭防护箱体门，让实验样品在黑暗环境中反应一定时间达到吸附-脱附平衡，然后吸取反应溶液，离心分离后取上层清液，于模拟污染物最大波长测定吸光度。

④ 开通冷却水，打开紫外灯光源，继续搅拌下，间隔一定时间吸取溶液取样、经离心分离后，使用可见分光光度计，通过反应液的吸光度 A 测定来监测模拟污染物光催化脱色和分解效果。

⑤ 重复步骤④，直至完成实验。

⑥ 实验完成后，首先将光源的电源关闭，电源关闭后等待 5min 关闭冷却循环水和箱体风扇。

⑦ 将石英管中磁子取出，溶液倒入废液杯中，洗净石英管和比色皿。

（5）紫外光汞灯光源使用说明

① 小心打开包装，取灯时切勿用手触摸灯管玻璃部分。

② 将反应器和冷阱固定好，并连接冷却循环水，检查连接处，保证水无渗漏。

③ 将灯管放入冷阱内部，放置后，请勿将灯管玻璃部分与冷阱内部玻璃有接触。

④ 连接灯管与电源。保证灯管的连接线无交叉。

⑤ 保证循环水畅通，方可打开电源开关。

⑥ 关机说明：请先将汞灯关闭，继续通冷却水 5min 以上，即可将循环水关闭。

（6）注意事项

① 实验过程中，需有人值守，并监控冷阱、磁力搅拌、箱体等部分的正常工作。

② 开灯瞬间为高压输出，请勿触摸电源后端接头及灯的接头。

③ 使用过程中严禁用手触摸灯管、严禁将液体接触灯管。

④ 汞灯点亮后不可立即断电！刚刚断电的汞灯也不可立即再次点亮！

汞灯点亮后，正常工作 5min 以上，方可断电关闭！

汞灯断电后，灯管熄灭 8min 以上，方可再次点亮！

光源工作中必须保证循环水的正常，断水后容易引起灯管的爆炸。

⑤ 电源关闭后，一定将电源拔下。

⑥ 使用时请严格按照"先通水，后开灯，先关灯，后停水"的顺序。

⑦ 严禁用超声波清洗冷阱。可以用通清洁剂的办法清洗夹层水垢。

3.10　TGA-DSC3+综合热分析仪

（1）设备概述

TGA-DSC3+综合热分析仪（图 3-10-1）通过测量样品在加热、冷却或恒温过程中质量变化及热流变化，来获得材料组分和热稳定性的定量信息，以及样品发生转变和反应的温度和热焓。同步热分析仪将热重分析（TGA）与差示扫描量热分析（DSC）结合为一体，在同一次测量中利用同一样品可同步得到 TG 与 DSC 信息。使用同步热分析方法鉴别和表征材料，样品用量少，制备简单，被广泛应用于塑料、橡胶、涂料、医药、生物、食品、材料等领域。其性能参数见表 3-10-1。

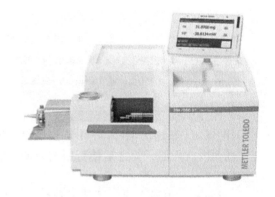

图 3-10-1　TGA-DSC3+综合热分析仪

表 3-10-1　TGA-DSC3+综合热分析仪性能参数

性能	参数
测温范围	室温～1600℃
温度准确度	±0.05℃（单点），±0.5℃（全温度范围）
温度精度	±0.3℃
线性升温速率	0.1～100（℃·min^{-1}）
线性降温速率	（1600～600℃）≤50℃·min^{-1} （1600～200℃）≤20℃·min^{-1} （1600～100℃）≤10℃·min^{-1} （1600～60℃）≤5℃·min^{-1}
样品质量范围	0～1000mg
天平灵敏度	0.1 μg
天平称量准确度	0.005%
天平称量精度	0.0025%
天平最小称量值	0.19mg
量热准确度	2%

（2）仪器原理

① 热重分析。热重法是热分析方法中使用最多、应用最广泛的一种。它是在程序控制温度下测量物质质量与温度或时间关系的一种技术。因此只要物质受热时质量发生变化，就可以用热重法来研究其变化过程，如脱水、吸湿、分解、化合、吸附、解吸、升华等。

热天平是热重分析仪的主要部件，其作用是把电路和天平结合起来，通过程序控温仪使加热电炉按一定的升温速率升温（恒温）。当被测试样发生质量变化，光电传感器将质量变化转化为直流电信号。此信号经测重电子放大器放大并反馈至天平动圈，产生反向电磁力矩，驱使天平梁复位。反馈形成的电位差与质量变化成正比（即可转变为样品的质量变化）。

上述的变化信息通过记录仪描绘出热重（TG）曲线，如图 3-10-2 所示。纵坐标表示质量，横坐标表示温度。TG 曲线上质量基本不变的部分称为平台，如图中 ab 和 cd，b 点表示变化的起始点，对应的温度 T_i 即为变化的起始温度。图中 c 点表示变化终止点，T_f 表示变化的终止温度。从热重曲线可求得试样组成、热分解温度等有关数据。

② 差示量热扫描分析。差示量热扫描分析（DSC）的原理是在程序控温下，测量样品的转移温度，并测量在转移过程中所发生的热流变化与时间及温度的函数关系。在设定的温度测试过程中，仪器的控温系统将标准物质（参比物质）和测试样品保持相同的温度，由于标准样品不会发生热效应改变，当待测物发生吸热（放热）反应时，待测物一侧的测温器会侦测出因吸热（放热）反应造成的此处温度较标准物侧的温度低（高），因此，待测物端的加热系统会叫标准物侧的加热系统额外多输入（减少）一些热量（以电流或电压的变化），以增加（减少）待测物的温度，如此可以保持两者的温度一致。而在测试的过程为保持两者温度相同，其所需在待测物端的额外增加或减少热量就是待测物在测试过程中由于反应所造成的实际热量变化。其热量变化信息通过记录仪描绘出 DSC 曲线（图 3-10-3），曲线的纵轴为单位时间所加热量，横轴为温度或时间，曲线的面积正比于热焓的变化。DSC 曲线上热流基本不变的部分称为平台，如图中 ab、de 和 gh 段，b 点表示样品相对于参比物质开始吸热，c 点是峰顶温度，d 点表示吸热结束。图中 e 点则表示样品相对于参比物质发生放热现象，f 点为放热的峰顶温度，h 点放热结束，开始进入平台区域。

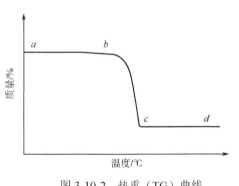

图 3-10-2　热重（TG）曲线

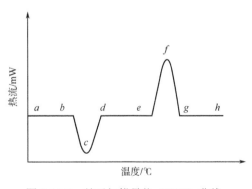

图 3-10-3　差示扫描量热（DSC）曲线

③ TG-DSC3+综合热分析仪。TG-DSC3+综合热分析仪将热重分析（TGA）与差示扫描量热分析（DSC）结合为一体，在同一次测量中利用同一样品可同步得到热重和热流信息，其可以获得的具体样品具体信息见表 3-10-2。

表 3-10-2　TGA 和 DSC 信息

TGA	DSC
水分/气体的吸附和解吸附	熔融行为
组分定量分析（水分、填料、灰分等）	结晶
分解过程动力学	反应焓和转变焓、比热容
热稳定性	相图
氧化反应和氧化稳定性	玻璃化转变
分解产物、溶剂、溶剂化物的鉴定	反应动力学

（3）仪器结构

　　TG-DSC3+综合热分析系统（图 3-10-4）主要有加热炉体、热天平、温度检测控制与测量单元，以及冷却水循环系统、气氛控制单元、信号接收和记录单元以及打印机、电脑等几个部分组成，其中 TG-DSC3+同步热分析仪的主机结构如图 3-10-5 所示。

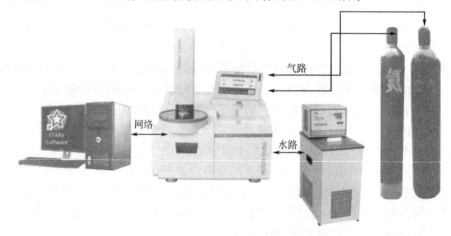

图 3-10-4　TG/DSC 综合热分析系统

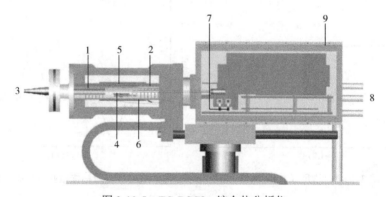

图 3-10-5　TG-DSC3+ 综合热分析仪

1—隔热片；2—反应气毛细管；3—气体出口；4—温度传感器；5—炉体加热板；6—炉体温度传感器；

7—内置校准砝码；8—保护气和吹扫气连接口；9—恒温天平室

当样品加入反应炉体后，通过炉体温度传感器检测炉体温度，在程序控温下，炉体加热板开始加热样品，同时气体控制单元调节通入的气体成分以及流量。在测试进程中，样品支架下部连接的高精度天平实时感知样品的当前重量，并将数据传送到计算机，由计算机绘制出样品对温度/时间的曲线（TG 曲线）。同时，当样品发生热效应时，在样品端和参比端之间产生了与温差成正比的热流差，并通过热电偶连续测定温差并经灵敏度矫正转换为热流差，然后将数据传送给计算机，再由计算机绘制出热流对温度/时间的曲线（DSC 曲线）。

（4）操作规程

① 开机。

a. 打开保护气体和反应气体气瓶主阀门，调节分压表压力为 0.1MPa；调节保护气体为 20mL/min，反应气体流量视测试情况而定。

b. 打开循环水电源开关、制冷开关和循环开关。

c. 半小时后打开 TGA/DSC3+主机电源。

d. 打开计算机，双击桌面上的"STARe"图标进入 TGA/DSC 软件，然后会自动建立软件与仪器的连接，当软件下方的灰条变绿后表示仪器与软件连接成功。

② 测试步骤。

a. 点击实验界面左侧的"Routine editor"常规编辑器编辑实验方法。"新建（new）"为编辑一个新的方法，具体如下。

点击"添加动态温度段（Add Dyn）"以添加升降温程序，点击"添加等温段"以添加恒温程序，根据实际需要编辑需求的起始温度、升降温速率、实验气氛以及等温时间等条件。

点击下方的"坩埚（Pan）"来选择和自己所使用类型相同的坩埚。

点击"Miscellaneous（其他）"来选择是否勾选"浮力补偿（Buoyancy compensate）"。

b. 如果需要跑空白，则勾选下方的"运行空白曲线（Run blank curve）"，然后在"位置（Position）"里填写放空坩埚位置的编号（1 为 101，2 为 102，以此类推），最后点击"发送实验（Sent Experiment）"。一般需要跑两次以上，根据要跑的次数，点击几次"发送实验（Sent Experiment）"。空白实验即自动开始。

c. 测试样品前，在"样品名称（Sample Name）"一栏中输入样品名称，如果样品重量已用外置天平称量好，则在"重量（Weight）"一栏中输入对应的样品重量；如果希望使用内置天平自动记录第一个测量值为起始重量，则勾选"第一个测量值（First measurement value）"，然后在"位置（Position）"里填写样品坩埚位置的编号（1 为 101，2 为 102，以此类推），若需自动移除铝制坩埚盖，则勾选"移除坩埚盖（Remove pan lid）"，最后点击"发送实验（Sent Experiment）"。

d.使用内置天平自动记录的第一个测量值为起始重量，则需先使用自动进样器自动称量空坩埚重量，发送实验后立刻点击"复位（Reset）"。在自动进样器的盘位上放上空坩埚，然后选中右侧所有已发送实验，右击鼠标，选择"自动称量（Weight-in auto）"，再勾选"坩埚（Pan）"，点击"确认（OK）"，即开始自动称量。自动称量后，在每个空坩埚内放入适量的样品，并点击"开始（Start）"，实验即自动开始。如果使用外部天平称量，只需要填入样品重量，并点击"开始（Start）"开始实验即可。

③ 数据处理。

a. 点击主窗口下的"主页/数据分析窗口（Home/Evaluation Window）"以打开数据处理窗口。

b. 单击"文件/打开曲（File/Open Curve）"，在弹出的对话框中选中要处理的曲线， 点击"打开（Open）"打开该曲线。

c. 根据需要对曲线进行处理，必要时可以参见主菜单中的"Help/Help Topics"。

d. 单击"文件/导入导出/导出其他格式（File/Import Export/Export other format）"以导出成其他常用格式，包括文本 txt 格式和图片 png 格式。

④ 关机。

a. 关闭仪器前，要把炉体中的样品取出。

b. 待炉体温度低于 200℃时关闭仪器主机电源，然后关闭软件和计算机（TGA-DSC 3+和计算机的关闭顺序没有严格要求）。

c. 关闭反应气和保护气的气瓶开关，关闭恒温水浴的电源。

（5）注意事项

① TGA-DSC3+需要由经过培训的人员进行操作，以免造成仪器的损坏。

② 高温下某些样品或分解产物会与氧化铝坩埚发生反应（详见附录），为了避免反应所造成的损失，应考虑使用铂金坩埚，但同时也应考虑样品是否会与铂发生反应。

③ 当测试超过 1200℃时，要在样品坩埚与传感器之间垫上蓝宝石垫片。

④ 对于爆炸性的含能材料，测试时一定要特别小心，样品量一定要非常少，以保证不会发生爆炸。

⑤ 对于发泡材料一定要小心测试，样品量要非常少。如果样品发泡溢出粘到传感器上或粘到炉体上，可先尝试在 1000℃氧气氛围内烧一下，如果依然取不下来，一定要致电厂家工程师，不要自己擅自处理。

⑥ 测试过程中如果被测样品有腐蚀性气体或较大烟尘产生，应适当加大吹扫气流量（100mL/min）和保护气流量（40mL/min）。

⑦ 如果坩埚掉入炉体内，一定要报告给仪器管理员，不要擅自处理，更不要当做没有发生，炉体内如积累一定量坩埚以后会有极大损坏隐患。

⑧ 经常在打开炉体的情况下，从左侧观察炉体出气口是否被污染物堵塞，如有堵塞，必须及时拆卸下来清洗。

⑨ 恒温水浴中的水要经常更换（两个月），推荐使用纯净水，不可以使用自来水或矿泉水。

⑩ 如果传感器被污染，可以通氧气用高温空烧的方法来清洁（先 800℃，再 1200℃，再更高的温度空烧，如果传感器上很脏，千万不要第一次空烧时就到 1500℃恒温），空烧的时候要取出所有的坩埚。

注意事项：会对氧化铝构成威胁的条件和物质

1. F_2：与 Al_2O_3 反应生成 AlF_3 和 O_2。

2. Cl_2：在 700℃以上与 Al_2O_3 反应生成 $AlCl_3$ 和 O_2。

3. S：不与液态 S 发生反应。但在气态 S 且有 C 存在的场合，高温下反应生成硫化物。

4. H_2S：加热时与 Al_2O_3 反应生成高达 3%的 Al_2S_3。

5. HF：高温下与 Al_2O_3 定量反应生成 AlF_3 和 H_2O。

6. 金属氟化物：通过熔融造成破坏，生成三价阴离子$[AlF_6]^{3-}$及类似于冰晶石的盐玻璃，熔融后会溶解 Al_2O_3。

7. 碱金属及碱土金属的硫酸盐。

8. Li_2CO_3：在高于 700℃时与 Al_2O_3 反应生成偏铝酸锂和二氧化碳。

9. HCl：在 600℃以下不会反应。但在更高的温度下，有 C 存在时会加剧反应。

10. B_2O_3 或硼砂：加热时会溶解 Al_2O_3 生成硼酸铝和硼化铝。

11. 碱性及碱土性氧化物及其带可挥发性阴离子的盐类（尤其是氢氧化物、氮化物、硝酸盐、碳酸盐、过氧化物等）：熔融生成铝酸盐或多羟基化合物。

12. CaC_2：加热时与 Al_2O_3 反应生成 Al_4C_3。

13. PbO：从 700℃开始与 Al_2O_3 反应，尤其是高铅氧化物及具有挥发性酸根的铅盐类物质。

14. UO_3：从 450℃开始与 Al_2O_3 反应，类似于 PbO。

15. 亚氧化金属类（如 Fe^{2+}、Co^{2+}、Ni^{2+}等）：与 Al_2O_3 反应生成尖晶石。

16. 碱性及碱土性铁酸盐类：熔融后同时溶解 Al_2O_3。

17. LiF。

18. 熔融温度范围（800～1200℃）的锆合金：与 Al_2O_3 发生慢而弱的反应。

19. 某些金属合金：如含 4%铝的铁合金等。

所列禁忌可能不全面，若不能确定所用样品是否会与坩埚发生反应，测试之前应在氧化铝坩埚内装一定量样品，以高于测试终止温度的温度在马弗炉里试烧。

3.11　NOVA4200e 比表面积和孔隙分析仪

（1）仪器概述

NOVA4200e 是美国康塔仪器（Quantachrome Instruments）公司生产的比表面积和孔隙分析仪。实验室的比表面积和孔隙分析仪采用氮气作为吸附气体，比表面积测定范围 > $0.01m^2 \cdot g^{-1}$，总孔体积重现性偏差 < 2%，孔直径范围 0.35～400nm，可同时进行两个样品的分析。在软件上可进行单点或多点 BET 比表面积，BJH 中孔的孔分布、孔大小、总孔体积和面积以及平均孔大小等多种数据分析，可满足多种工况环境条件下的实验需求。此分析仪可广泛应用于物理化学、无机化学、配位化学、分析化学、生物化学与医学、精细化工、反应动力学、材料化学等领域。

仪器使用时，吸附气体为氮气、氦气等。载气的纯度不小于 99.99%，其温度在测量过程中要保持稳定。载气压力为 0.07～0.08MPa，使用温度 $t \leqslant 300℃$。

对测试的样品要求：①能装入直径为 9mm 的样品管的固体；②固体粉末或小颗粒（直径≤9mm）；③样品管内的总表面积在 2～50m² 之间，一般 10m² 较好；④样品的体积不能超过球泡部分总体积的 2/3，样品质量不能少于 50mg。

（2）校准

每一个新的样品管和填充棒组合在使用前都必须进行校准。校准前将填充棒小心放入样品管中并装在分析站上。

① 校准步骤。

a. 在计算机的操作软件中点击 "operation"。

b. 选择 "calibrate cell" 填入该组合的编号：点击 "stationA" 或 "stationB" 等；点击 "cellnumber"（代表样品管的编号）1—99；点击 "cellsize"：9mm W / O rod 等；"Thermal delay"

（热延迟时间）：400s（比较保险的时间）；选择"Active stations"中 A、B、C 或 D。

    c. 点击 start 校准。

    仪器将自动进行样品管的校准并将结果存入与所定义编号相应文件中。以后使用该组合进行分析选中相应编号即可。

    ② 校准注意事项。

    a. 先对样品管进行编号，样品管校正一次后可不用经常校正，当结果不准的时候需重新校正样品管。对样品管进行校准时可加填充棒也可不加填充棒；仪器将自动进行样品管的校准并将结果存入与所定义编号相应文件中。以后使用该组合进行分析选中相应编号即可。一旦校准后，进入分析站进行分析时，样品管的位置需对应校准时的位置，不能更改。

    样品管的编号如表 3-11-1：

表 3-11-1　样品管编号

样品管号	分析站名	样品管编号
管 1+棒 1（球）	A 站	1 号
管 2+棒 1（球）	B 站	2 号
管 1（球）	A 站	5 号
管 2（球）	B 站	6 号
管 3（球）	C 站	3 号
管 4（球）	D 站	4 号
管 5（竖管）	A 站	7 号
管 6（竖管）	B 站	8 号
管 7（球）	A 站	9 号
管 8（球）	B 站	10 号
管 9（球）	C 站	11 号
管 10（球）	D 站	12 号
管 9+棒 9	C 站	13 号
管 10+棒 10	D 站	14 号
管 5+棒 5（竖管）	C 站	15 号
管 6+棒 6（竖管）	D 站	16 号
管 11+棒 11	A 站	17 号
管 12+棒 12	B 站	18 号

    b. 若主机上接氦气时，可以不用校正样品管，因为氦气能测自由体积，而氮气只是吸附气。

    c. 校准样品管时不能关电脑，若关了电脑数据不能输送到电脑里，主机则不能保存校正样品管编号的结果。

    （3）脱气和分析样品

    脱气和分析样品的步骤见实验 15。

    分析站的分析过程分为四步：抽气；压力传感器校零；热平衡的稳定过程；进行测量。

    分析站在分析过程，要注意以下几点。①分析站在进行分析时，若发现物理参数设置不对，可以在分析结束后重新设置。②BET 法对质量的要求十分严格，称量样品质量的两次误差小于 1mg。③因为比表面积大的样品在分析时所需时间比较长，可能导致液氮不够。解决方案是在测量之前应加足量的液氮，也可通过减少样品的量来减少测量的时间。④样品在分析站进行分析时，可以关电脑。但是在分析结束后一定要在电脑中通过主机把数据导出，因为主机只能保存当前的结果。若未及时导出便测下一个样品，则下一个样品的数据会覆盖前一个样品的数据。

（4）测量真密度

仪器还可以测试材料真密度，步骤如下。取一支干燥洁净的大球样品管，称重并记录。装入适量样品，装入量至少为大球容积的 3/4。装入后再次称重，两次称重之差为样品重量。向样品管中装入填充棒，将该样品管装在分析站上，不放置杜瓦瓶，关闭分析站门。在仪器操作面板上，从主菜单下依次选择 3→3→1→1，然后依次输入所选样品管的校准文件号和样品重量，即可启动测试。测试结束后会在仪器屏幕上显示出样品密度值。

为得到准确样品密度数据，可重新取样进行重复测量。样品量越大则数据准确性越好。另外若对样品进行脱气处理会得到更好的数据。脱气程序与进行样品分析时的脱气操作一致。若进行脱气后再测量，则样品重量应为脱气前空管重量与脱气后样品管加样品总重量之差。

（5）日常维护

① 避免频繁开、关机，该机推荐使用方式为长期开机运行。

② 定期检查真空泵油是否洁净，液面保持在窗口 1/3 以上高度。

③ 定期检查氮气钢瓶压力，钢瓶总压应大于 1MPa，出口压力应在 0.08MPa 左右。

④ 使用液氮时应小心操作，避免伤害事故。

3.12　气体钢瓶减压阀

在物理化学实验中，经常要用到氧气、氮气、氢气、氩气等气体。通常情况下，这些气体都储存在专用的高压气体钢瓶中。在使用过程中，钢瓶内的气体通过合适的减压阀调节输出的气体压力降至实验所需范围，再通过其他控制阀微调，达到所需的压力后，输入使用系统。最常用的减压阀为氧气减压阀，简称氧压表。

（1）氧气减压阀的工作原理

氧气减压阀的外观及工作原理如图 3-12-1 和图 3-12-2。

氧气减压阀的高压腔为气体进口，与钢瓶连接；低压腔为气体出口，与使用系统相连接。高压表显示钢瓶内储存气体的压力，低压表显示输出压力，其压力可由调节螺杆控制。

钢瓶的使用方法可参考如下。

① 打开钢瓶总开关。

② 顺时针转动低压表压力调节螺杆，使其压缩主弹簧并传动薄膜、弹簧垫块和顶杆而将活门打开。这样钢瓶内的高压气体由高压室经节流减压后进入低压室，并经出口通往工作系统。

③ 转动调节螺杆，改变活门开启的高度，从而调节高压气体的通过量并达到使用所需的压力值。

④ 使用结束后，关闭钢瓶上的总开关。

⑤ 调节螺杆，将减压阀低压室中余气放净，待高压表和低压表示数均降为 0。

⑥ 逆时针拧松调节螺杆，以免弹性元件长久受压变形。

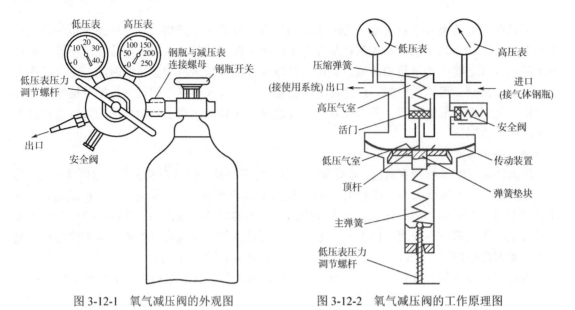

图 3-12-1　氧气减压阀的外观图　　　图 3-12-2　氧气减压阀的工作原理图

　　减压阀都装有安全阀。它是保护减压阀并使之安全使用的装置，也是减压阀出现故障时的信号装置。如果由于减压阀内部元件故障导致出口压力自行上升并超过一定许可值时，安全阀就会自动打开排气，保证使用安全和人身安全。

　　（2）氧气减压阀的使用方法

　　① 按使用要求的不同，氧气减压阀有许多规格。最高进口压力大多为 150kg/cm²（约 15MPa），最低进口压力不小于出口压力的 2.5 倍。出口压力规格较多，一般为 0～1kg/cm²，最高出口压力为 40kg/cm²（约 4MPa）。

　　② 安装减压阀时应确定其连接规格是否与钢瓶和使用系统的接头相一致。减压阀与钢瓶采用半球面连接，靠旋紧螺母使两者完全吻合。因此，在使用时应保持两个半球面的光洁，以确保良好的气密效果。安装前可用高压气体吹除灰尘。必要时也可用聚四氟乙烯等材料作垫圈，确保其密封性。

　　③ 氧气减压阀应严禁接触油脂，以免发生火警事故。

　　④ 停止工作时，应将减压阀中余气放净，然后拧松调节螺杆以免弹性元件长久受压变形。

　　⑤ 减压阀应避免撞击振动，不可与腐蚀性物质相接触。

　　（3）其他气体减压阀

　　有些气体，例如氮气、空气、氩气等永久性气体，可以采用氧气减压阀。但还有一些气体，如氨等腐蚀性气体，则需要专用减压阀。市面上常见的有氢气、氨、乙炔、丙烷、水蒸气等专用减压阀。这些减压阀的使用方法及注意事项与氧气减压阀基本相同。但是，还应该指出：专用减压阀一般不用于其他气体。为了防止误用，有些专用减压阀与钢瓶之间采用特殊连接口。例如氢气和丙烷均采用左牙螺纹，也称反向螺纹，安装时应特别注意。

参考文献

[1]　游伯坤. 温度测量仪表. 北京：机械工业出版社，1982.

[2]　刘常满. 温度测量与仪表维修问答. 北京：中国计量出版社，1986.

[3]　黄泽铣. 热电偶原理及其检定. 北京：中国计量出版社，1993.

[4]　黄力仁，郑金坚. 温度表. 北京：水利电力出版社，1994.

[5]　清华大学物理化学教研室. 物理化学实验. 北京：清华大学出版社，1991.

[6]　复旦大学物理化学教研室. 物理化学实验. 北京：高等教育出版社，1993.

[7]　北京大学物理化学教研室. 物理化学实验. 北京：北京大学出版社，1995.

[8]　南京大学物理化学教研室. 物理化学实验. 南京：南京大学出版社，1998.

[9]　武汉大学化学和分子科学实验中心编. 物理化学实验. 武昌：武汉大学出版社，2004.

[10] 复旦大学等编. 物理化学实验. 第 3 版. 北京：高等教育出版社，2004.

附　　录

附录1　国际单位制

附表 1-1　主要物理量的 SI 制单位名称及符号

物理量	单位名称	单位符号	物理量	单位名称	单位符号
面积	平方米	m^2	功、能量、热量、焓	焦耳	J
体积	立方米	m^3	摩尔内能、摩尔焓	焦耳每摩尔	J/mol
摩尔体积	立方米每摩尔	m^3/mol	功率	瓦特	W
比容	立方米每千克	m^3/kg	热容量、熵	焦耳每开尔文	J/K
频率	赫兹	Hz	摩尔热容量、摩尔熵	焦耳每摩尔开尔文	J/（mol·K）
密度	千克每立方米	kg/m^3	比热容	焦耳每千克开尔文	J/（kg·K）
摩尔质量	千克每摩尔	kg/mol	黏滞系数	牛顿秒每平方米	$N·s/m^2$
速度	米每秒	m/s	热导率	瓦特每米开尔文	W/（m·K）
角速度	弧度每秒	rad/s	扩散系数	平方米每秒	m^2/s
力	牛顿	N	电量	库仑	C
压强	帕斯卡	Pa	电压、电动势	伏特	V
表面张力	牛顿每米	N/m	电阻	欧姆	Ω
冲量、动量	牛顿秒	N·s			

附表 1-2　国际单位制（SI）基本单位

物理量	单位名称	单位符号	物理量	单位名称	单位符号
长度	米	m	热力学温度	开尔文	K
质量	千克	kg	物质的量	摩尔	mol
时间	秒	s	发光强度	坎德拉	cd
电流强度	安培	A			

附录2　物理化学常用符号

1.物理量及单位符号名称（拉丁文）			
A	Helmholtz 自由能，指数前因子，面积	F	Faraday 常量，力，自由度数
a	van der Waals 参量，相对活度	f	自由度
b	van der Waals 参量，碰撞参数	G	Gibbs 函数（自由能），电导
b_B	物质 B 的质量摩尔浓度，亦有用 m_B	g	重力加速度
B	任意物质，溶质	H	焓
C	热容，独立组分数	h	高度，Planck 常量
C	库仑	I	电流强度，离子强度，光强度
c	物质的量浓度，光速	J	焦耳
D	介电常数，解离能，扩散系数	J	电流密度
d	直径	K	平衡常数
E	能量，电动势，电极电势	k	Boltzmann 常量，反应速率系数
e	电子电荷	L	Avogadro 常量
l	长度，距离	T	热力学温度
M	摩尔质量	t	时间，摄氏温度
M_r	物质的相对摩尔质量	u	离子电迁移率
m	质量	V	体积
N	系统中的分子数	$V_m(B)$	物质 B 的摩尔体积
n	物质的量，反应级数	V_B	物质 B 的偏摩尔体积
P	相数（亦有用），概率因子	v	物质 B 的计量系数
p	压力	W	功
Q	热量，电量	w_B	物质 B 的质量分数
q	吸附量	x_B	物质 B 的摩尔分数
R	标准摩尔气体常量，电阻，半径	y_B	物质 B 在气相中的摩尔分数
R, R'	独立的化学反应数和其他限制条件数	Z	配位数，碰撞频率
r	速率，距离，半径	z	离子价数，电荷数
S	熵，物种数		

2.物理量符号名称（希腊文）			
α	热膨胀系数，转化率，解离度	θ	特征温度
β	冷冻系数	Γ	表面吸附超量
γ	$C_{p.m}/C_{V.m}$ 之值，活度因子，表面张力	δ	非状态函数的微小变化量，距离，厚度
ε	能量，介电常数	Δ	状态函数的变化量
ζ	动电电势	μ_J	Joule 系数
η	热机效率，超电势，黏度	μ_{J-T}	Joule-Thomson 系数
θ	覆盖率，角度	v	速度
κ	电导率	ξ	反应进度
λ	波长	Π	渗透压，表面压力
Λ_m	摩尔电导率	ρ	电阻率，密度，体积质量
μ	化学势，折合质量	τ	弛豫时间，时间间隔

3.其他符号和上下标（正体）

g	气态（gas）	dil	稀释（dilution）
l	液态（liquid）	e	外部（external），环境，亦有用 amb
s	固态（solid），秒（second）	vap	蒸发（vaporation）
mol	摩尔（molar）	±	离子平均
r	转动（rotation），化学反应（reaction）	≠	活化络合物或过渡状态
sat	饱和（saturation）	id	理想（ideal）
sln	溶液（solution）	re	实际（real）
sol	溶解	exp	指数函数（exponential）
sub	升华（sublimation）	def	定义（definition）
trs	晶型转变（transformation）	e	外部（external），环境，亦有用 amb
mix	混合（mixture）		

附录3　物理化学实验中常用数据表

附表 3-1　不同温度下水的表面张力

$t/°C$	$\sigma/(10^{-3}N/m)$	$t/°C$	$\sigma/(10^{-3}N/m)$	$t/°C$	$\sigma/(10^{-3}N/m)$
0	75.64	17	73.19	26	71.82
5	74.92	18	73.05	27	71.66
10	74.22	19	72.90	28	71.50
11	74.07	20	72.75	29	71.35
12	73.93	21	72.59	30	71.18
13	73.78	22	72.44	35	70.38
14	73.64	23	72.28	40	69.56
15	73.49	24	72.13	45	68.74
16	73.34	25	71.97		

附表 3-2　不同温度下水的折射率

$t/°C$	折射率	$t/°C$	折射率	$t/°C$	折射率
14	1.33348	28	1.33219	42	1.33023
15	1.33341	30	1.33192	44	1.32992
16	1.33333	32	1.33164	46	1.32959
18	1.33317	34	1.33136	48	1.32927
20	1.33299	36	1.33107	50	1.32894
22	1.33281	38	1.33079	52	1.32860
24	1.33262	40	1.33051	54	1.32827
26	1.33241				

注：相对于空气；钠光波长 589.3nm。

附表 3-3　不同温度下水的饱和蒸气压

t/℃	0.0		0.2		0.4		0.6		0.8	
	mmHg	kPa	mmHg	kPa	mmHg	kPa	mmHg	kPa	mmHg	kPa
0	4.579	0.6105	4.647	0.6195	4.715	0.6286	4.785	0.6379	4.855	0.6473
1	4.926	0.6567	4.998	0.6663	5.070	0.6759	5.144	0.6858	5.219	0.6958
2	5.294	0.7058	5.370	0.7159	5.447	0.7262	5.525	0.7366	5.605	0.7473
3	5.685	0.7579	5.766	0.7687	5.848	0.7797	5.931	0.7907	6.015	0.8019
4	6.101	0.8134	6.187	0.8249	6.274	0.8365	6.363	0.8483	6.453	0.8603
5	6.543	0.8723	6.635	0.8846	6.728	0.8970	6.822	0.9095	6.917	0.9222
6	7.013	0.9350	7.111	0.9481	7.209	0.9611	7.309	0.9745	7.411	0.9880
7	7.513	1.0017	7.617	1.0155	7.722	1.0295	7.828	1.0436	7.936	1.0580
8	8.045	1.0726	8.155	1.0872	8.267	1.1022	8.380	1.1172	8.494	1.1324
9	8.609	1.1478	8.727	1.1635	8.845	1.1792	8.965	1.1952	9.086	1.2114
10	9.209	1.2278	9.333	1.2443	9.458	1.2610	9.585	1.2779	9.714	1.2951
11	9.844	1.3124	9.976	1.3300	10.109	1.3478	10.244	1.3658	10.380	1.3839
12	10.518	1.4023	10.658	1.4210	10.799	1.4397	10.941	1.4527	11.085	1.4779
13	11.231	1.4973	11.379	1.5171	11.528	1.5370	11.680	1.5572	11.833	1.5776
14	11.987	1.5981	12.144	1.6191	12.302	1.6401	12.462	1.6615	12.624	1.6831
15	12.788	1.7049	12.953	1.7269	13.121	1.7493	13.290	1.7718	13.461	1.7946
16	13.634	1.8177	13.809	1.8410	13.987	1.8648	14.166	1.8886	14.347	1.9128
17	14.530	1.9372	14.715	1.9618	14.903	1.9869	15.092	2.0121	15.284	2.0377
18	15.477	2.0634	15.673	2.0896	15.871	2.1160	16.071	2.1426	16.272	2.1694
19	16.477	2.1967	16.685	2.2245	16.894	2.2523	17.105	2.2805	17.319	2.3090
20	17.535	2.3378	17.753	2.3669	17.974	2.3963	18.197	2.4261	18.422	2.4561
21	18.650	2.4865	18.880	2.5171	19.113	2.5482	19.349	2.5796	19.587	2.6114
22	19.827	2.6434	20.070	2.6758	20.316	2.7068	20.565	2.7418	20.815	2.7751
23	21.068	2.8088	21.342	2.8430	21.583	2.8775	21.845	2.9124	22.110	2.9478
24	22.377	2.9833	22.648	3.0195	22.922	3.0560	23.198	3.0928	23.476	3.1299
25	23.756	3.1672	24.039	3.2049	24.326	3.2432	24.617	3.2820	24.912	3.3213
26	25.209	3.3609	25.509	3.4009	25.812	3.4413	26.117	3.4820	26.426	3.5232
27	26.739	3.5649	27.055	3.6070	27.374	3.6496	27.696	3.6925	28.021	3.7358
28	28.349	3.7795	28.680	3.8237	29.015	3.8683	29.354	3.9135	29.697	3.9593
29	30.043	4.0054	30.392	4.0519	30.745	4.0990	31.102	4.1466	31.461	4.1944
30	31.824	4.2428	32.191	4.2918	32.561	4.3411	32.934	4.3908	33.312	4.4412
31	33.695	4.4923	34.082	4.5439	34.471	4.5957	34.864	4.6481	35.261	4.7011
32	35.663	4.7547	36.068	4.8087	36.477	4.8632	36.891	4.9184	37.308	4.9740
33	37.729	5.0301	38.155	5.0869	38.584	5.1441	39.018	5.2020	39.457	5.2605
34	39.898	5.3193	40.344	5.3787	40.796	5.4390	41.251	5.4997	41.710	5.5609
35	42.175	5.6229	42.644	5.6854	43.117	5.7484	43.595	5.8122	44.078	5.8766
36	44.563	5.9412	45.054	6.0087	45.549	6.0727	46.050	6.1395	46.556	6.2069
37	47.067	6.2751	47.582	6.3437	48.102	6.4130	48.627	6.4830	49.157	6.5537
38	49.692	6.6250	50.231	6.6969	50.774	6.7693	51.323	6.8425	51.879	6.9166
39	52.442	6.9917	53.009	7.0673	53.580	7.1434	54.156	7.2202	54.737	7.2976
40	55.324	7.3759	55.91	7.451	56.51	7.534	57.11	7.614	57.72	7.695

附表 3-4　不同温度下水的密度（1atm）

温度/K	密度 ρ/（g/cm³）	温度/K	密度 ρ/（g/cm³）	温度/K	密度 ρ/（g/cm³）
273	0.9998395	291	0.9985956	308	0.9940319
274	0.9998985	292	0.9984052	309	0.9936842
275	0.9999399	293	0.9982041	310	0.9933287
276	0.9999642	294	0.9979925	311	0.9929653
277	0.9999720	295	0.9977705	312	0.9925943
278	0.9999638	296	0.9975385	313	0.9922158
279	0.9999402	297	0.9972965	314	0.9918298
280	0.9999015	298	0.9970449	315	0.9914364
281	0.9998482	299	0.9967837	316	0.9910358
282	0.9997808	300	0.9965132	317	0.9906280
283	0.9996996	301	0.9962335	318	0.9902132
284	0.9996051	302	0.9959448	319	0.9897914
285	0.9994947	303	0.9956473	320	0.9893628
286	0.9993771	304	0.9953410	321	0.9889273
287	0.9992444	305	0.9950262	322	0.9884851
288	0.9990996	306	0.9947030	323	0.9880363
289	0.9989430	307	0.9943715	373	0.9583637
290	0.9987749				

附表 3-5　不同温度下水的黏度

温度 t/℃	黏度 η/10⁻³Pa·s	温度 t/℃	黏度 η/10⁻³Pa·s	温度 t/℃	黏度 η/10⁻³Pa·s	温度 t/℃	黏度 η/10⁻³Pa·s
0	1.7921	11	1.2713	21	0.9810	31	0.7840
1	1.7313	12	1.2363	22	0.9579	32	0.7679
2	1.6728	13	1.2028	23	0.9358	33	0.7523
3	1.6191	14	1.1709	24	0.9142	34	0.7371
4	1.5674	15	1.1404	25	0.8937	35	0.7225
5	1.5188	16	1.1111	26	0.8737	36	0.7085
6	1.4728	17	1.0828	27	0.8545	37	0.6947
7	1.4284	18	1.0559	28	0.8360	38	0.6814
8	1.3860	19	1.0299	29	0.8180	39	0.6685
9	1.3462	20	1.0050	30	0.8007	40	0.6560
10	1.3077	20.2	1.0000				

附表 3-6　常见液体的沸点

化合物名称	沸点/℃	化合物名称	沸点/℃
i-Pentane（异戊烷）	30	Ethylene dichloride（二氯化乙烯）	84
n-Pentane（正戊烷）	36	*n*-Butanol（正丁醇）	117
Petroleum ether（石油醚）	30～60	*n*-Butyl acetate（乙酸丁酯）	126
Hexane（己烷）	69	*n*-Propanol（丙醇）	98
Cyclohexane（环己烷）	81	Methyl isobutyl ketone（甲基异丁酮）	119
Isooctane（异辛烷）	99	Tetrahydrofuran（四氢呋喃）	66
Trifluoroacetic acid（三氟乙酸）	72	Ethyl acetate（乙酸乙酯）	77
Trimethylpentane（三甲基戊烷）	99	*i*-Propanol（异丙醇）	82
Cyclopentane（环戊烷）	49	Chloroform（氯仿）	61
n-Heptane（正庚烷）	98	Methyl ethyl ketone（甲基乙基酮）	80
Butyl chloride（丁基氯；丁酰氯）	78	Dioxane（二噁烷；二氧六环；二氧杂环己烷）	102
Trichloroethylene（三氯乙烯；乙炔化三氯）	87	Pyridine（吡啶）	115
Carbon tetrachloride（四氯化碳）	77	Acetone（丙酮）	57
Trichlorotrifluoroethane（三氯三氟代乙烷）	48	Nitromethane（硝基甲烷）	101
i-propyl ether（丙基醚；丙醚）	68	Acetic acid（乙酸）	118
Toluene（甲苯）	111	Acetonitrile（乙腈）	82
p-Xylene（对二甲苯）	138	Aniline（苯胺）	184
Chlorobenzene（氯苯）	132	Dimethyl formamide（二甲基甲酰胺）	153
o-Dichlorobenzene（邻二氯苯）	180	Methanol（甲醇）	65
Ethyl ether（二乙醚；醚）	35	Ethylene glycol（乙二醇）	197
Benzene（苯）	80	Dimethyl sulfoxide（二甲亚砜 DMSO）	189
Isobutyl alcohol（异丁醇）	108	Water（水）	100
Methylene chloride（二氯甲烷）	240	Ethanol（乙醇）	78

附表 3-7　饱和型标准电池电动势温度校正表

温度/℃	电动势变化/V	温度/℃	电动势变化/V
30.0	−0.00049	23.5	−0.00015
29.5	−0.00047	23.0	−0.00013
29.0	−0.00044	22.5	−0.00011
28.5	−0.00041	22.0	−0.00008
28.0	−0.00038	21.5	−0.00006
27.5	−0.00035	21.0	−0.00004
27.0	−0.00033	20.5	−0.00002
26.5	−0.00030	20.0	±0.00000
26.0	−0.00028	20.0	±0.00000
25.5	−0.00025	19.5	+0.00002
25.0	−0.00023	19.0	+0.00004
24.5	−0.00020	18.5	+0.00006
24.0	−0.00018	18.0	+0.00008

续表

温度/℃	电动势变化/V	温度/℃	电动势变化/V
17.5	+0.00009	13.5	+0.00022
17.0	+0.00011	13.0	+0.00023
16.5	+0.00013	12.5	+0.00025
16.0	+0.00015	12.0	+0.00026
15.5	+0.00016	11.5	+0.00027
15.0	+0.00018	11.0	+0.00028
14.5	+0.00019	10.5	+0.00029
14.0	+0.00020	10.0	+0.00030

注：20℃时电动势值为 1.01845V。